수학은 진실뿐만 아니라 최고의 아름다움,
즉, 조각처럼 차갑고 엄숙한 아름다움을 지니고 있다.

버트런드 러셀

수학적 발견의 원동력은

논리적인 추론이 아니고 상상력이다.

드모르간

心中有数：生活中的数学思维 BY 刘雪峰

ISBN: 9787115578044

This is an authorized translation from the SIMPLIFIED CHINESE language edition entitled
《心中有数：生活中的数学思维》published by Posts & Telecom Press Co., Ltd., through
Beijing United Glory Culture & Media Co., Ltd., arrangement with EntersKorea Co.,Ltd.

복잡한 세상을 이기는
수학의 힘

복잡한 세상을 이기는
수학의 힘

펴낸날 2023년 1월 20일 1판 1쇄

지은이_류쉐펑(刘雪峰)
옮긴이_이서연
감수_김지혜
펴낸이_김영선
편집주간_이교숙
교정·교열_나지원, 정아영, 남은영, 이라야
경영지원_최은정
디자인_바이텍스트
마케팅_신용천

펴낸곳 (주)다빈치하우스-미디어숲
주소 경기도 고양시 일산서구 고양대로632번길 60, 207호
전화 (02) 323-7234
팩스 (02) 323-0253
홈페이지 www.mfbook.co.kr
이메일 dhhard@naver.com (원고투고)
출판등록번호 제 2-2767호

값 22,000원
ISBN 979-11-5874-175-4 (03410)

복잡한
세상을
이기는

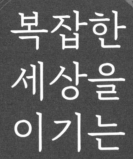

수학의
힘

류쉐펑 지음
이서연 옮김
김지혜 감수

수학은
어떻게
삶의 문제를
해결하는가

부자는
수학으로
생각한다

"풍부한 연구 경험과 인생에 대한 깊은 이해를 바탕으로
알고리즘과 인생을 연결한다."
- 차오젠눙 홍콩 이공대학 교수

미디어숲

인생의 축소판,
알고리즘의 세계에 오신 걸 환영합니다

알고리즘과 인생은 예술이다. 알고리즘은 컴퓨터 프로그램의 영혼에 해당되며 인생은 이보다 더 깊고 심오하지만 알고리즘처럼 복잡하면서도 오묘하다. 인생과 알고리즘은 무언가를 설계한다는 면에서 닮았다. 설계가 성공하려면 논리적 사고, 경험과 인식 등이 필요하며 특히 창의성은 결코 빠질 수 없다. 이 책을 읽는다면 이러한 것에 대해서 깊고 풍부한 체험을 할 수 있다. 내가 알고리즘을 인생과 같은 선상에 놓고 이야기를 한 이유는 컴퓨터 과학이 우리의 일상과 밀접한 관계가 있기 때문이다.

컴퓨터적 사고Computational Thinking는 일상의 각종 문제를 해결하기 위한 사고 절차와 해결 방법을 제공해 주고, 일상의 지혜를 통해 더 많은 유익한 사고와 깨달음을 얻게 해 준다. 그래서 알고리즘과 인생은 서로를 거울로 삼아야 한다.

이 책에서 저자는 자신의 풍부한 연구 경험과 인생에 대한 깊은 이해를 바탕으로 알고리즘과 인생을 함께 연결했다. 이로써 독자들이 생활에서의 지식과 경험을 통해 알고리즘을 이해하고, 또 알고리즘을 통해 인생을 이해할 수 있게 해 주었다.

알고리즘이 신기한 이유는 그것이 우리가 인생의 문제를 파악하고 해결하는 데 도움을 준다는 데 있다. 이 책은 이와 관련해서 많은 깨달음을 주고, 기계학습과 생활의 관계 등 다양한 생각을 할 수 있게 해 준다. 인공 신경망Artificial Neural Network은 일종의 알고리즘으로 정보 처리 각도에서 사람의 두뇌 신경망에 대한 추상적인 처리를 진행한다.

인공 신경망의 연산 모델은 생활에 대한 시사점을 제공하고 각종 방면을 반영한다.

첫째, 신경망 훈련에서 노드 사이 연결을 위해 가중치를 부여해 가중을 바꿔 연결하면 네트워크의 응답이 변한다. 일상에서 우리가 어떤 일에 강력한 통제력을 가지려 한다면 그것에 대해 더 높은 가중치를 줘야 한다.

둘째, 역전파 신경망Backpropagation Neural Network 훈련 알고리즘처럼 습관을 새롭게 바꾸거나 기르고 싶다면 환경을 바꾸어야 한다. 환경에 변화를 줘서 습관을 자극하는 계기를 제거하거나 강조함으로써 두뇌의 피드백 회로$^{Feedback\ Circuit}$를 억제하거나 자극해야 한다.

셋째, 등산할 때 산 정상에 도착한 뒤 가장 빠른 속도로 산 아래 목적지로 돌아가려 한다면 어떻게 해야 할까? 딥러닝$^{Deep\ Learning}$에서 경사 하강법$^{Gradient\ Descent}$은 미리 모든 경로를 파악하지 못한 상황에서 어떤 경로가 가장 가파른지 계속 탐색하고 평가해 최단 거리로 산에서 내려올 수 있게 해 준다. 같은 이치를 활용하면 일이 순조롭게 진행될지 알 수 없을 때 나아가는 방향을 계속 관찰해 최소한의 대가로 목표에 도달할 수 있다.

인생 경험이 많이 쌓일수록 컴퓨터 지식을 쉽게 배울 수 있다. 그래서 나는 평소 학생들을 지도할 때 주제의 배후에 숨겨진 사람과 사물의 이야기를 활용해 지식과 기술의 발전을 설명한다. 그러면 학생들은 관련 지식에 담긴 혁신과 발전을 깊이 이해하고 기술 발명의 배경과 동기를 깊이 체득할 수 있다. 이 책에는 이와 같은 설명이 아주 많이, 쉽게 담겨 있다.

인생을 경험하거나 지식을 추구하는 과정 모두 호기심과 관찰력을 활용할 필요가 있다. 꾸준히 깨닫고 이해하고 연습하고 되돌아보며 전체를 정리해야 한다. 저자는 이런 관찰과 깨달음을 통해 알고리즘과 인생의 관계를 설명함으로써 우리가 두 가지를 더욱 잘 이해할 수 있게 도와준다.

평소 나는 과학 관련 도서를 읽으면서 그 속에서 깨달음과 영감을 얻길 기대한다. 시중에는 과학 관련 책들이 많이 나와 있지만 이 책처럼 컴퓨터 알고리즘 영역을 중점적으로 다룬 책은 많지 않다. 그런 점에서 이 책은 충분히 읽을 만한 가치가 있다. 내가 매 장, 매 단락을 읽으면서 도움이 되는 지식을 얻었듯이 관심이 있는 독자들도 이 책을 통해 유익한 경험을 하길 바란다.

홍콩 이공대학 교수, 차오젠눙

수학 속에 진주처럼
숨겨진 삶의 지혜를 찾아서

나는 대학에서 자동 제어를 전공했다. 자동 제어의 기초 과목은 적용 범위가 굉장히 넓은 탓에 많은 학과와 관련되어 있고, 또 내용도 다양하고 복잡하다. 나는 당시 수학과 관련된 기초 과목을 수강했을 때를 또렷이 기억하고 있다. 수업 종이 울리자 교수님은 칠판에 어떤 공식을 풀어가기 시작했다. 비교적 복잡한 식이어서 교수님은 꼬박 두시간 동안 칠판을 몇 번이고 지워가면서 풀었는데, 정작 수업이 끝날 무렵 나온 결론은 책에 실린 내용과 달랐다. 그러자 교수님이 태연히 우리를 바라보며 이렇게 말했다.

"조급해하지 말게. 다음 시간에 다시 풀어보도록 하지."

대학 시절, 책에 담긴 공식의 빼곡하고 엄격한 풀이 과정은 한눈에 봐도 놀라울 정도였다. 이런 공식들을 이해하기 위해서 우리는 머리를 쥐어짜며 모든 풀이 과정을 꼼꼼히 읽어 본 뒤 연필을 들고 직접 몇 번이고 풀어봐야 했다. 그리고 마침내 스스로 공식을 풀어내면 그제야 한숨을 돌리며 '공식을 풀었으니 해당 개념을 이해하고 있어.'라고 자신했다. 하지만 이렇게 힘들게 공식을 풀어냈음에도 이따금 우리의 마음속에는 좌절감과 함께 의문이 샘솟았다.

'이 공식은 도대체 무슨 쓸모가 있는 거지? 현실적인 문제를 해결하는 데 도움이 될까?'

그리고 결국에는 한 가지 생각이 문득 머릿속을 스친다.

'내가 정말 이 개념을 이해한 건가?'

안타깝게도 이와 같은 문제에 답을 찾을 수 없는 경우가 대부분이다. 공식을 성공적으로 적용했을 때 우리가 얻을 수 있는 것은 시험 통과와 '해당 개념을 이해하고 있다'라는 안도감뿐이다. 대부분은 머릿속에 샘솟는 문제에 대한 답을 찾지 못하고, 시험이 끝나면 공부했던 수학 공식은 빠르게 잊힌다.

물론 수학과 삶은 다르다고 생각하는 사람도 있다. 수학 개념은 책에 담긴 공식일 뿐이니 수학자들에게나 중요하고 우리와는 관련이 없다고 생각한다. 하지만 중요한 사실이 빠져 있다. 우리는 반드시 이 사실을 알아야 한다. 수학 개념 속에는 반짝이는 지혜의 빛이 숨겨져 있다는 것이다. 그리고 이런 지혜들은 우리가 복잡한 사회를 더욱 현명하게 볼 수 있게 도와주고, 우리가 살면서 더 좋은 결정과 행동을 할 수 있게 도와준다. 이 말이 믿어지지 않는가?

아마도 몇몇은 여전히 '수학 공식이 어떻게 도움이 된다는 거지? 그게 삶의 문제를 해결하는 데 도움이 된다는 건 말도 안 되는 헛소리야'라고 의문을 제기할 것이다.

하지만 이런 의문을 가진 사람이라도 앞으로 등장할 '최소제곱법 Method of Least Squares', '불량 조건ill-condition 연립 방정식' 등 여러 사례를 읽는다면 단언컨대 수학에 관한 생각이 바뀔 것이다.

수학에는 **'최소제곱법'**이라는 일종의 알고리즘이 있다. 수학자 카를 프리드리히 가우스Carl Friedrich Gauss는 최소제곱법을 사용해 행성의 위치를 정확하게 예측해냈다. 하지만 만약 최소제곱법의 공식 $x = (A^{\mathrm{T}}A)^{-1}A^{\mathrm{T}}b$를 달달 외우거나 해당 공식을 응용해 책에 있는 문제를 푸는 데만 집중했다면 최소제곱법에 숨겨진 지혜를 절대 깨닫지 못했을 것이다.

최소제곱법을 통해 찾은 해는 몇 개의 방정식만 만족하는 게 아니라 모든 방정식의 좌우 양변의 오차의 합을 최소화한다. 최소제곱법은 일을 완벽하게 처리하는 게 아니라 불완전하다는 전제를 받아들인 상태에서 여러 방면의 이익을 가늠해 가장 좋은 균형점을 찾는다. 이것은 공자가 그토록 강조한 '중용의 도'와 일맥상통한다.

또 다른 예로, 수학에서 '미분법'과 '수치 해법Numerical Solution'은 우리가 일상 생활에서 문제를 해결할 때 사용하는 두 가지 사고방식에 해당한다. 먼저 '미분법'부터 살펴보자. '미분법'을 사용해 함수의 극한값을 찾는 것은 다음 세 가지 단계로 나뉜다.

(1) 도함수를 구한다.
(2) 도함수를 0으로 한다.
(3) 해당 방정식의 해를 구한다.

위의 각 단계에서 오류가 없으면 최종적으로 답을 얻을 수 있는데 이런 모델은 소위 '모든 단계에서 완벽주의를 추구한다'라고 할 수 있다. 전체 과정이 완벽해야 원하는 결과를 얻을 수 있는 것이다.

반면 '수치 해법'은 '반복 수정을 통해 완성도를 높이는 모델'이라 할 수 있다. 수치 해법은 미분법과 달리 모든 단계에서 완벽을 요구하지 않는다. 오히려 빠르게 전체 과정을 끝낸 뒤 그 결과를 근거로 과정을 반복한다. 그렇게 여러 차례 복기하면서 계속 완성도를 높이면 좋은 결과를 얻을 수 있다. '반복 수정을 통해 완성도를 높이는' 모델은 제품 개발, 프로젝트 관리에서 사용하는 '애자일 모델'과 공통점이 있다. 또 IT 기업에서 항상 중요하게 생각하는 **짧은 주기로 빠르게 반복하며 완성도를 높여 나간다**'라는 취지와도 서로 일맥상통한다. 여기에는 '완성이 완벽보다 더 중요하다'는 사고가 담겨 있다.

수학 개념을 통해 세상의 지혜를 얻는 또 다른 예를 들어보자. 선형대수에는 '**불량 조건 연립 방정식**'이라는 개념이 있다. 하나의 선형 연립 방정시 $y=Ax$에서 y와 A의 경미한 변화는 x의 값에 큰 변화를 초래한다는 개념이다.

여기서 만약 '불량 조건 연립 방정식'이라는 개념만 안다면 연립 방정식을 구성하는 각 직선은 실제로 어떤 하나의 직선을 표현하며 직선의 교점은 각 직선의 공통해라는 지혜는 놓치게 된다.

불량 조건 연립 방정식의 예를 일상생활에 적용해 보면 이렇다.

우리에게 '**만약 여러 사람이 의견 교환 방식으로 어떤 사건에 숨겨진 진실을 알고자 한다면 해당 구성원들의 시각이 서로 달라야 한다**'는 사실을 알려준다. 일단 서로의 시각이 너무 비슷하면 의견을 취합해 얻은 공통된 의견이 잡음에 상당히 민감해진다. 그래서 아주 작은 잡음에도 결과는 심각한 영향을 받을 수 있다. 한마디로 말해서 '약간의 실수가 1마일이나 벗어난 것과 같다$^{\text{A miss is as good as a mile}}$'라는 결과를 얻게 된다. 이것은 '**다양성 이점**$^{\text{The Difference}}$'을 수학적으로 해석한 것이다.

컴퓨터 과학에서 알고리즘 중 '담금질 기법 알고리즘'이란 게 있다. 담금질 기법 알고리즘은 우리가 점진적인 교체를 통해서 어떤 하나의 함수의 최적해를 찾을 수 있게 도와준다. 만약 단순하게 해당 알고리즘을 응용해서 함수의 극한값 문제를 해결하려 한다면 해당 알고리즘이 담고 있는 빛나는 지혜를 놓치고 만다.

나는 인생이 '최적해를 찾는 과정'이라고 생각한다. 우리는 항상 끊임없이 노력해 자신을 발전시켜 자신이 다다를 수 있는 가장 높은 위치에 오르고 싶어 한다. 하지만 담금질 기법 알고리즘은 우리에게 다음과 같은 사실을 알려준다.

> 젊은 시절 충분히 탐색하고 잠깐의 불완전함을 받아들여야 특정 영역에서 최대인 국소 최적$^{Local\ Optimum}$에 빠지지 않고 더 높은 정상에 오를 수 있다.
> 그리고 일정 단계에 이르러 자신에게 가장 적합한 것이 무엇인지 알게 되면 그곳에서 깊이 탐색하려 할 뿐 쉽게 코스를 바꾸지 않는다.

따라서 학교를 졸업한 이후에는 다양한 경험을 쌓고 여러 직업을 시도해야 하며, 눈앞의 안정성만 좇아 전망이 좋지 않은 직장에 안주해 평생을 바치려 해서는 안 된다.

이상의 몇 가지 예는 수학 공식과 알고리즘에 담긴 지혜이다. 이러한 지혜는 우리가 이 세계를 더욱 명확하게 볼 수 있게 도와주고 문제에 부딪혔을 때 더욱 과학적인 시각을 제공해 더 나은 결정과 행동을 할 수 있게 해 준다.

만약 이공계에서 공부하고 있거나 컴퓨터학과나 전자공학과나 자동제어학과를 전공하는 학생이라면 이전에 배웠거나 어디선가 접해 본 적 있는 익숙한 수학 공식들 속에 담긴 심오하고 지혜로운 이치를 알고 이를 통해 해당 공식들을 더욱더 잘 이해하게 될 것이다. 이와 같은 수학 공식들은 우리의 사고방식에 활용되어야지 단순히 책에만 등장하는 수학 공식에 머물러서는 안 된다.

더구나 이 책은 수학 공식을 접해 본 적 없는 문과생에게도 도움이 된다. 그러니 이 책에 등장하는 한눈에 봐도 어려워 보이는 수학 공식을 보고 기겁하며 도망치려 하지 않았으면 좋겠다. 이러한 수학 공식과 알고리즘을 이해한다면 그 속에 담긴 빛나는 이성적인 사고를 파악할 수 있기 때문이다.

문과생이 이러한 사고를 파악한다는 것은 새로운 세계의 창문을 활짝 여는 것과 같다. 고민스럽거나 당혹스러울 때 다른 시각에서 깨달음을 제공해 주고 문제를 더욱 깊이 파악할 수 있게 해 주며 심지어 인생관과 일에 대한 태도를 바꾸게 해 줄 것이다.

예를 들어서 우리는 어린 시절 '노력하면 성공한다'라는 세계관을 교육받는다. 하지만 이런 세계관을 가진 사람은 평소에는 낙관적이고 적극적이더라도 좌절의 순간에는 쉽게 무력감에 빠진다. 반면 또 다른 세계관인 '숙명론'을 가진 사람은 모든 것은 이미 정해져 있으니 바뀔 것은 없다고 생각한다. 하지만 내가 개인적으로 생각했을 때 가장 정확한 세계관은 두 세계관 사이에 있는 **'확률적 세계관'**이다.

확률적 세계관의 핵심 사고는 아주 간단하다. **일의 최종 결과는 우리가 정할 수 없지만, 해당 결과가 발생할 확률은 노력을 통해 바꿀 수 있다.**

마지막으로 이 책을 읽는 모든 이들의 마음속에 수학이라는 싹이 트여 이 세계를 더욱 명확하게 볼 수 있기를 바란다.

저자 류쉐펑

차례

PART 1

사고 편

이성적 사고로 세상을 통찰하는 법

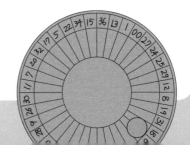

PART 1

사고 편

이성적 사고로
세상을 통찰하는 법

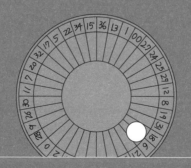

가혹한 현실을 인정하고
노력으로 99%의 확률에 도전하라

김씨와 이씨의 이야기

대학을 졸업한 뒤 몇 년간 직장생활을 하던 김씨는 매일 아침 9시에 출근해 저녁 5시에 퇴근하는 쳇바퀴 같은 삶이 싫어 마음 맞는 친구들과 함께 물 좋고 경치 좋은 고향에 펜션을 차렸다. 펜션 운영은 처음이라 경험이 부족했지만 열정만큼은 뜨거웠다. 김씨는 항상 경영 관련 책을 읽었고, 성공하는 법이나 자신을 격려하는 법을 다룬 책도 즐겨 읽었다. 그리고 매일 아침 거울 앞에 서서 주먹을 불끈 쥐고 큰 소리로 '나는 성공할 수 있어!'라고 소리쳤다. '노력한 만큼 결실을 거둘 수 있다'라고 믿는 김씨는 자신이 가장 좋아하는 '노력하면 성공한다'라는 격언을 침실 벽에 걸어 두었다.

하지만 아무리 열심히 노력해도 펜션 운영은 난관의 연속이었다. 인테리어 공사 때는 완공일이 계속 늦춰져서 마음을 졸여야 했고, 가까스로 운영을 시작한 뒤에는 홍보 방식을 고민하느라 골머리를 앓아야 했다. 다행히 입소문이 퍼지면서 몇 년 뒤부터는 투숙객들이 많아졌지만, 집세, 전기세, 수도세 등 각종 세금을 내면 남는 게 없어 오랫동안 간신히 적자만 면했다. 여전히 관광객이 적은 비수기에는 찾아오는 손님이 없어서 빈방이 가득했고 성수기에는 방이 부족해 손님을 더 받고 싶어도 불가능했다. 이에 2년 전 김씨와 친구들은 거금을 투자해 펜션을 증축하기로 했다. 성수기 관광객이 몰릴 것을 대비해 만반의 준비를 마쳤는데 이번에는 갑자기 코로나 팬데믹으로 쏟아부은 노력과 투자금을 회수하기 어려워졌다.

최근 반년 동안 김씨는 도저히 받아들일 수 없는 현실에 어안이 벙벙했다. 그는 자신이 노력한 만큼 결실을 거두지 못했다고 생각했다. 운명이 자신에게 가혹하게 구는 이유가 뭔지, 자신이 도대체 뭘 잘못한 건지 이해할 수 없었다. 가끔 침실 벽에 걸어 둔 '노력하면 성공한다'라는 격언이 눈에 들어오면 무력감에 휩싸였다.

이에 반해 이씨는 아직 40세가 되지 않은 젊은 나이였지만 자신은 '불운'을 타고나 되는 일이 없다고 생각했다. 그는 중학교 시절 1, 2등을 다툴 만큼 성적이 좋았지만, 고등학교 입학을 앞두고 실력 발휘를 제대로 하지 못해 원하는 학교에 들어가지 못했다. 그리고 고등학교 시절에도 부지런히 노력해 우수한 성적을 유지했지만, 대입 시험을 망치는 바람에 원하지 않는 대학에 들어가야 했다.

그렇게 대학 생활을 시작한 이씨는 아껴서 모은 돈으로 오토바이를 구입했다. 하지만 바로 다음 날 사고가 나 일주일 동안 병원 신세를 져야 했다. 그리고 상처가 채 회복되기도 전에 누군가가 오토바이를 훔쳐 가고 말았다.

그후 이씨는 대학을 졸업한 뒤, 대우가 괜찮은 회사에 취직했지만, 처음 맡은 프로젝트에서 작은 실수로 일을 망치는 바람에 해고당했다. 이후에도 이씨는 불운의 연속이었다. 다른 사람이 주식 투자를 하는 것을 보고 뛰어들었지만, 매수하면 떨어지고 매도하면 오르는 바람에 시장 상황이 좋음에도 손해를 봐야 했다.

시간이 흘러 이씨는 몇 년간 모은 돈으로 내 집 마련을 준비했다. 그러던 중 친구가 급히 돈이 필요해 잠깐 쓰고 돌려주겠다는 말에 8000만 원을 빌려주었지만, 돈을 빌린 친구는 투자에 실패해 목숨을 끊었고, 당연히 빌려준 돈도 받을 수 없었다. 이 일로 아내와 대판 싸운 이씨는 하마터면 이혼까지 당할 뻔했다.

이런 일련의 안타까운 사건들로 이씨는 오랜 시간 힘들어했다. 이후로 그는 아내가 더 열심히 일하라고 타이를 때마다 "부자는 운명을 타고난 사람이 되는 거지 노력해서 되는 게 아니야"라고 말했다. 그는 직장, 수입, 직위, 배우자 등 모든 것은 태어날 때부터 이미 정해져 있다고 믿었다. 노력으로 바꿀 수 있는 것은 없으니 그저 운명의 '시나리오'에 따라 연기하면 그만이라는 것이다.

'노력하면 성공한다' vs '운명은 타고 난다'

앞에서 소개한 김씨와 이씨의 이야기는 두 가지 극단적인 세계관으로 [그림 1-1]을 표현한다.

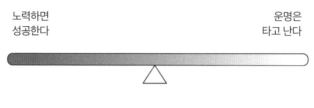

노력하면
성공한다

운명은
타고 난다

[그림 1-1] 두 가지 세계관

'노력하면 성공한다'라는 격언을 벽에 걸어 둔 김씨의 세계관은 대체로 긍정적이다. 노력하면 성공한다는 것은 '인생은 예측할 수 없지만, 열심히 노력한다면 반드시 자신이 원하는 결과를 얻을 수 있다'라는 의미이다. 반면 '운명은 타고난다'라는 '숙명론'을 믿는 이씨의 세계관은 대체로 부정적이다. 숙명론을 믿는 사람은 모든 것은 정해져 있으니 아무것도 노력할 필요가 없다고 생각한다. 하늘이 정해둔 대로 따르기만 하면 된다는 것이다.

이 두 가지 세계관을 가진 사람은 적지 않다. 하지만 두 세계관에는 문제가 있다. '노력하면 성공한다'라는 세계관을 믿는 사람은 평소에는 긍정적이지만 좌절이나 난관에 부딪히면 쉽게 무력감에 빠진다. 게다가 코로나 팬데믹으로 김씨의 펜션 운영이 차질을 빚은 것처럼 노력한다고 해서 반드시 모든 일이 잘 풀리는 것은 아니다.

'숙명론'에도 문제가 있다. 성공한 사람은 단순히 좋은 운명을 타고난 사람인 걸까? 우리는 때로 노력한 만큼 결실을 거두기도 한다. 그러니 과연 노력하는 것을 포기한 사람이 자신이 원하는 결과를 얻을 수 있을까?

아무래도 이 두 가지 사이에서 균형을 맞춘 세계관이 가장 이상적이지 않을까? 나는 이것을 '확률적 세계관'이라 부른다.

노력을 통해 결과를 바꾸는 확률적 세계관

확률적 세계관은 두 가지 핵심 관점을 가지고 있다.

첫째, 우리는 일의 최종 결과를 장담할 수 없다.
둘째, 노력으로 해당 결과가 발생할 확률을 바꿀 수 있다.

첫 번째 관점은 일이 발생할지, 원하는 결과를 얻을 수 있을지 미리 알 수 없는 만큼 결과를 단정할 수 없다는 의미이다. 그리고 두 번째 관점은 미리 결과를 단정할 수 없지만 노력으로 결과가 발생할 확률을 바꿀 수 있다는 의미이다.

예를 들어 설명해 보자. 농부는 올해 수확이 좋을 것이라고 단정할 수 없다. 예기치 못한 악천후나 병충해로 한 해 동안 쏟아부은 노력이 물거품이 될 수 있기 때문이다. 이것이 바로 일의 결과를 미리 단정할 수 없다는 것이다. 하지만 농부가 부지런히 노력해 만반의 조치를 한다면 높은 수확을 기대할 수 있다. 게으른 농부가 풍작을 거둘 확률이 10%라면 부지런히 노력하는 농부는 90%까지 확률을 높일 수 있는 것이다. 그러니 결과를 미리 단정할 수는 없지만 결과의 확률을 바꿀 수는 있다.

고3 수험생이 평소 아주 열심히 노력하고 모의고사 성적도 좋았다고 해도 수능 성적표가 나오기 전까지는 누구도 그가 좋은 대학에 합격할 것이라고 단정할 수 없다. 그 이유는 시험 상황, 시험장에서 실력을 발휘할 수 있는지 등 결과에 영향을 미칠 중요 요소들을 통제할 수 없기 때문이다. 하지만 평상시 성실히 준비한 학생이라면 좋은 성적을 받을 확률이 공부하지 않은 학생보다 훨씬 높아진다.

로켓 발사도 마찬가지다. 발사하기 전까지 누구도 발사가 반드시 성공할 것이라고 단정하지 못한다. 하지만 참여한 엔지니어들이 모든 과정을 착실히 이행하여 아주 사소한 문제까지 놓치지 않고 처리한다면 일반적인 준비 때보다 발사 성공 확률은 훨씬 높아질 것이다.

확률적 세계관은 **'일을 꾸미는 것은 사람이지만 성사 여부는 하늘에 달려 있다**謀事在人, 成事在天**'**라는 고사성어와 상통하는 부분이 있다. 우리는 확률로 이 고사성어를 더욱 명확하게 이해할 수 있다. '일을 꾸미는 것은 사람이다.'라는 것은 **'노력으로 성공 확률을 높일 수 있다'**는 의미이다. 그리고 '성사 여부는 하늘에 달려 있다는 것'은 **'열심히**

노력해 만반의 준비를 마쳤다고 해도 확률상 반드시 성공하는 것은 아니다'라는 의미이다.

또 앞에서 언급한 '노력하면 성공한다'와 '숙명론'을 확률적 세계관의 관점에서 바라본다면 두 가지 세계관이 가진 문제점을 더욱 명확하게 파악할 수 있다.

'노력하면 성공한다.'라는 것은 어떤 일이든 노력하기만 하면 반드시 성공한다는 것인데, 이건 현실과 맞지 않는다. 행운이 따라서 시기와 장소가 알맞고 사람들끼리 화합이 잘되어도 반드시 성공으로 귀결한다는 보장이 없다.

반면 '숙명론'은 하늘의 뜻이 있으니 어떤 일이든 노력할 필요가 없다고 보는 것인데 여기에도 아주 큰 문제가 있다. 노력이 성공을 보장해 주지는 못하지만, 성공 확률을 높여줄 수는 있기 때문이다. 물론 엄청난 행운을 타고나 아무것도 안 하면서 부자가 될 수도 있지만, 그런 일이 발생할 확률은 극히 낮다.

그렇다면 노력으로 성공할 확률을 최대한 높였음에도 실패한다면 어떻게 해야 할까? 이런 경우에는 두 가지 선택이 있다.

첫째, 실패의 원인을 찾아 개선해 성공 확률을 높인다
(여기서 '성공 확률을 높인다'라는 것은 다음에 반드시 성공함을 의미하는 것은 아니다.)
둘째, 실패의 원인을 개선할 수 없다면 실패를 침착하게 받아들인다.

대학원생이 최근 쓴 논문을 유명 학회에 투고하려 한다고 해 보

자. 이때 결과에 영향을 미치는 수많은 요소를 통제할 수 없으므로 채택 통보를 받기 전까지는 누구도 해당 논문이 채택될 것이라고 확신하지 못한다. 논문 심사위원이 해당 논문의 취지를 이해하고 마음에 들어할지, 논문을 읽을 때 심사위원이 기분이 좋을지, 함께 심사할 논문의 수준은 어느 정도인지 등 통제할 수 없는 요소들이 많다. 그래서 훌륭하다고 평가받는 논문들도 최초 투고에서 심사위원의 신랄한 비판을 받고 거절을 당하는 경우가 종종 있다.

하지만 해당 논문이 세상에 도움이 될만한 내용을 담고 있고 문장이 명료하고 취지가 명확하며 좋은 실험 결과를 담고 있다면 채택될 확률은 매우 높아진다. 다만 명심해야 할 점은 어디까지나 확률일 뿐 정해진 결과가 아니라는 점이다.

만일 논문이 거절당한다면 비판하지 말고 심사위원의 의견을 잘 살펴보아야 한다. 지적한 의견 중 일리 있는 것을 참고해서 논문을 수정한다면 다음에 채택될 확률을 높일 수 있다. 그리고 아무리 검토해 봐도 심사위원들의 의견이 객관적이지 않다고 판단되면 해당 논문을 다른 학회에 투고하면 된다.

몇 년 전에 개봉한 SF영화 중 전쟁에 참여한 신참 군인이 우연히 과거로 돌아가는 능력을 얻게 되는 내용을 담은 영화가 있다. 적군에게 죽을 때마다 반복해서 이전 상황으로 돌아가던 주인공은 희망의 상징으로 불리는 전쟁 영웅인 장군을 구해 주고 장군의 도움을 받아 반복해서 과거로 돌아가는 장점을 최대한 이용하게 된다. 그렇게 매번 과거의 실패에서 교훈을 얻어 다음의 성공 확률을 높이던 주인공은 마침내 승리를 쟁취한다.

확률에서 반복은 상당히 큰 힘을 가진다. 예를 들어 주인공이 매번 과거로 돌아가 장군을 구해줄 확률이 10%밖에 되지 않아도(아홉 번 죽어야 한 번 구할 수 있는 것이다) 수십 번 과거를 반복하면 성공 확률은 더 높일 수 있다.

반대로 노력해도 확률을 바꿀 수 없다면 아무것도 하지 말아야 한다. 예를 들어 대입 시험을 볼 때는 한 과목 시험이 끝날 때마다 해당 과목은 잊고 다음 과목 시험에 집중하는 게 중요하다. 이미 시험이 끝난 과목의 성적을 바꿀 수는 없으니 말이다. 박사 논문 심사도 마찬가지다. 심사가 끝난 뒤 심사위원들이 결과를 기다리라고 할 때 우리가 할 수 있는 것은 차분히 커피를 마시며 기다리는 것뿐이다. 이때 우리가 무슨 행동을 하든 결과에 영향을 미칠 수는 없다. 그러니 확률을 바꿀 수 없는 경우에는 담담히 결과를 기다리면서 자신에게 '최선을 다했으니 괜찮아.'라고 말해 주도록 하자.

'노력하면 성공한다'는 세계관은 '인생을 통제할 수는 없지만 노력한다면 반드시 자신이 원하는 결과를 얻을 수 있다'라고 본다. 이런 관점은 지나치게 이상적이고, 자기 의사대로 행동하며 주위 상황에 적응하는 특성을 강조해 통제할 수 없는 무작위적인 요소를 간과한다. 그래서 현실에서 좌절과 실패를 겪게 된다.

반면 '숙명론'의 세계관은 모든 것은 정해져 있으므로 노력할 필요가 없다고 주장한다. 이런 관점은 지나치게 비관적이고 개인의 자발적 능동성을 완전히 무시하며 현실에 부합하지도 않는다.

마지막으로 '확률적 세계관'은 우리에게 두 가지를 알려준다. 첫째, 일의 최종 결과가 발생하기 전까지는 하나의 확률에 불과한 만큼 우리는 최종 결과를 단정할 수 없다. 이 점은 '노력하면 성공한다'와 가장 큰 차이점이다. 둘째, 비록 최종 결과를 단정할 수는 없지만 결과가 발생할 확률을 바꿀 수는 있다. 이 점은 '숙명론'과 가장 큰 차이점이다.

그래서 확률적 세계관을 가진 사람은 침착하게 현실을 받아들이고 노력을 통해 확률을 바꿔야 한다는 인생 태도를 보인다.

누구나 아는 '해석'보다
아무도 모를 '예측'을 하라

우리는 살아가면서 여러 사람으로부터 주식 투자 이론이나 성공 이론 등 다양한 이론을 듣곤 한다. 그렇다면 이 수많은 이론 중 무엇이 옳고 틀린 걸까? 그리고 어떤 이론이 좋은 이론일까?

지금부터는 이에 대한 기준을 제시하고자 한다. 그리고 이를 위해 우리는 먼저 '세레스^{Ceres}의 발견'부터 이해해야 한다.

이름 모를 소행성 세레스의 발견

1801년 초 천문학자 주세페 피아치$^{Giuseppe\ Piazzi}$는 행성 목록에 없는 소행성을 발견한 뒤, 이름을 '세레스'로 명명했다. 피아치는 지구의 궤도 운동으로 세레스가 밝게 빛나는 태양 뒤로 사라져 버릴 때까지 40일 동안 관찰하며 데이터를 기록했다. 사라져 버린 세레스가 몇 개월 뒤 태양 범위에서 벗어났을 때 다시 관측하기 위해서는 궤도를 알아야 했다. 하지만 당시 수학적 방법으로는 40일 동안 관측한 소량의 데이터로 세레스의 궤도를 정확하게 계산하는 것은 불가능했다.

당시에는 태양계의 행성이 태양을 도는 운동 궤도를 계산해내는 것은 어려운 문제였다. 그 이유는 우리가 관측하는 장소인 지구가 행성이 움직일 때 같이 움직이기 때문이다. 게다가 지구와 행성의 운동 궤도는 동일한 평면 위에 있지 않다. 이는 [그림 2-1]을 통해서 알 수 있다. 그림에서 행성이 태양을 도는 타원궤도와 지구가 태양을 도는 타원궤도는 형태나 크기가 모두 다르고 동일한 평면 위에 있지 않다. 그래서 천문학자들이 사용하는 행성의 운동 궤도 정보가 담긴 예측도에는 항상 관측할 당시 지구의 위치와 지구에서 행성까지의 관측 각도가 포함되어 있다.

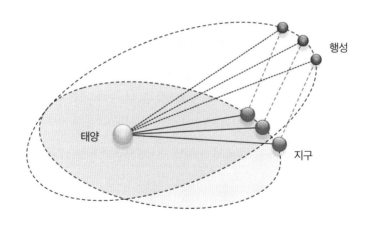

[그림 2-1] 태양계에서 지구와 행성의 운동 궤도

세레스가 발견되었을 당시 비교적 정확하게 운동 궤도를 계산해낸 행성은 천왕성^{Uranus}이 유일했다. 사실 천왕성의 운동 궤도를 계산해낼 수 있었던 것은 우연의 일치였다. 당시 천문학자들은 천왕성을 아주 많이 관측해 풍부한 관측 데이터를 가지고 있었다. 그래서 천문학자들은 천왕성의 운동 궤도를 쉽게 계산하기 위해 '천왕성의 운동 궤도는 원형이다'라는 가설을 세웠다.

현재 우리는 이 가설이 성립되기 힘들다는 것을 알고 있다(행성의 운동 궤도는 타원형인 경우가 많다). 하지만 천왕성의 운동 궤도는 우연하게도 원형에 가까웠고 덕분에 운동 궤도를 계산해낼 수 있었다. 하지만 세레스의 운동 궤도는 타원형이었고, 당시에 타원형 운동 궤도를 계산해내기 위해서는 대량의 관측 데이터가 필요했다. 당시 레온하르트 오일러$^{Leonhard\ Euler}$(오일러의 정리 발견자), 요한 하인리히 람베르트$^{Johann\ Heinrich\ Lambert}$(람베르트-베르 법칙 발견자), 조제프-루이 라그랑주$^{Joseph-Louis\ Lagrange}$(라그랑주 승수법과 평균값 정리 발견자), 피에르 시몽 라플라스$^{Pierre-Simon\ Laplace}$(라플라스 정리와 라플라스 변환 발견자)를 포함한 저명한 수학자들이 도전했지만 짧은 시간 관측한 소량의 데이터만으로 행성 궤도를 파악해내는 방법을 찾지 못했다. 그래서 라플라스는 근본적으로 해결할 수 없는 문제라고 주장하기도 했다.

이때 카를 프리드리히 가우스가 등장했다. 가우스는 24세밖에 되지 않는 젊은 나이였지만 달 운동을 포함해 천체운동 문제를 오랜 시간 연구한 상태였다. 이미 18세 때 천체운동 궤도를 계산하면서 최소제곱법을 발명해낸 가우스는 피아치의 관측 데이터를 바탕으로 세레스의 운동 궤도를 계산했다. 이때 가우스는 최소제곱법을 사용해 관측 오차를 제거했을 뿐만 아니라 일련의 방법을 발명해 행성 운동 궤도의 계산 정확도를 높였다.

재미있는 부분은 가우스가 계산을 끝낸 뒤 11월 말에 세레스 운동 궤도 예측 결과를 친구인 헝가리 천문학자 프란츠 사버 폰 자흐 Franz Xaver von Zach에게 알려주었다는 점이다. 폰 자흐는 가우스가 예측한 결과뿐만 아니라 자신과 다른 사람이 예측한 결과까지 모아서 1801년 12월 초 천문학 간행물에 발표했는데, 가우스의 예측 결과는 다른 사람들과는 아주 상이했다.

진리는 몇몇 소수의 사람에 의해 밝혀지는 법이다. 가우스는 정확하게 세레스의 위치를 예측해냈다. 1801년 12월 31일 세레스가 사람들의 시야에서 사라지고 1년쯤 되었을 때 폰 자흐는 가우스가 예측한 위치 부근에서 세레스를 발견하는 데 성공했다! 그리고 2일 뒤에 천문학자 하인리히 올베르스Heinrich Olbers도 가우스의 예측 결과를 바탕으로 세레스를 발견하게 된다. 이 일로 가우스는 24세라는 젊은 나이에 유럽 천문학계의 주목을 한 몸에 받게 됐다. 그 후 가우스는 1809년 『천체운동론』을 통해 최소제곱법의 공식을 발표했다.

가우스가 유럽 천문학계에서 일약 스타로 부상할 수 있었던 이유는 아주 간단하다. 바로 사람들이 세레스를 다시 관측해내기 전에 세레스의 위치를 정확하게 '예측'해냈기 때문이다.

여기서 핵심은 '예측'이다. 만일 사람들이 세레스를 관측해낸 이후 가우스가 '세레스를 관측할 수 있었던 이유를 이론적으로 설명할 수 있다'라고 말했다면 과연 일약 스타로 주목받을 수 있었을까? 아마 별로 인정받지 못했을 것이다. 그래서 '**예측**'은 '**해석**'보다 훨씬 **어렵고 중요하다.**

무엇이 좋은 모델일까?

먼저 아래 그림을 보도록 하자. 해당 그림은 어느 회사의 지난 몇 년 동안의 이윤 상황을 기록한 통계자료이다. 그림에 있는 6개의 점은 매년의 이윤을 표시한 것이다[그림 2-2].

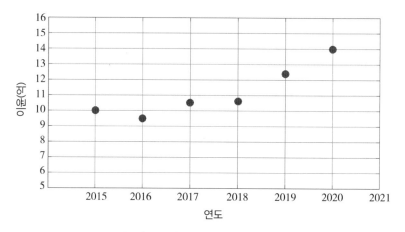

[그림 2-2] 지난 몇 년 동안의 이윤 상황

우리는 이 그림을 통해서 해당 회사의 이윤이 처음 4년 동안은 별다른 변화가 없다가 최근 2년 동안 증가 추세를 보이기 시작했다는 점을 알 수 있다.

그렇다면 6개의 점을 근거로 앞으로 2년 동안 회사의 이윤 상황을 예측하려면 어떻게 해야 할까? 일단 6개의 점을 따라 곡선을 그린 뒤 과거 추세를 근거로 앞으로 몇 년 동안의 곡선을 그리면 된다. 이렇게 곡선을 찾아 그리는 과정을 전문 용어로 '곡선 맞춤Curve Fitting'이라고 한다.

곡선 맞춤은 일반적으로 두 단계로 나뉜다. 먼저 곡선의 기본 형식을 정한 뒤 해당 형식의 최적 매개변수를 찾는다. 우리 스스로 곡선의 형식을 선택할 수 있지만 주로 가장 많이 사용되는 것은 다항함수 꼴이다. 앞에 등장한 예시인 회사의 이윤 상황에서 이윤 y가 시간 t의 함수라고 가정한다면 1차 함수의 형식은 다음과 같다.

$$y = a + bt \tag{2.1}$$

즉, 이윤과 시간이 1차 관계가 있다고 가정하면 여기에 a, b는 모두 미정 계수Coefficient, 係數이다. 1차 함수는 직선으로 매개변수 a, b는 y절편과 직선의 기울기를 결정한다는 것을 쉽게 알 수 있다.

이 형식이 정해진 뒤 우리는 최적의 계수를 찾을 필요가 있다. 이들 계수는 기존 데이터에서 점과 해당 곡선이 최대한 근접할 수 있게 한다. 여기서는 해당 방법을 자세하게 소개하지 않을 생각이다. 다만 이 방법의 핵심이 우리가 앞에서 언급한 가우스의 최소제곱법이라는 것은 짚고 넘어가야겠다. 기계학습 영역을 다루는 과학자들은 곡선이 기존 데이터인 점에 근접하는 것을 '데이터에 대한 곡선의 해석 능력'이라고 부른다. 기존 데이터에 곡선이 근접할수록 해당 점에 대한 곡선의 해석 능력이 강하다고 보는 것이다.

1차 함수의 형식이 정해졌다는 전제하에서 우리는 최적의 a, b를 찾을 수 있는데, 이 a, b에 대응하는 1차 함수의 해석 능력이 가장 강하다.

자, [그림 2-3]에는 우리가 최소제곱법을 사용해 얻은 최적의 계수에 대응하는 직선이 나타나 있다. 이 직선은 이윤 변화 추세를 대체로 반영하고는 있지만 기존 데이터의 점과 겹치지 않거나 심지어는 일부 데이터의 점과 멀찍이 떨어져 있다. 그러므로 해당 직선은 기존 데이터의 점을 해석하는 능력이 그리 크지 않다.

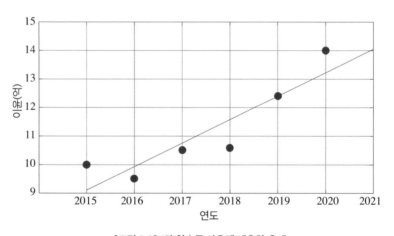

[그림 2-3] 1차 함수를 사용해 예측한 추세

그렇다면 2차 함수를 적용하면 어떻게 될까? 여기서 2차 함수를 반영한 이윤은 시간과 관련이 있을 뿐만 아니라 시간의 제곱과도 관련이 있다.

$$y = a + bt + ct^2 \qquad (2.2)$$

마찬가지로 우리는 최소제곱법을 사용해 최적의 계수 a, b, c를 확정하고 2차 함수를 나타내는 곡선이 기존 데이터의 점에 가장 근접할 수 있게 해야 한다[그림 2-4].

이 경우 해당 곡선이 기존 데이터의 점에 비교적 잘 근접했다는 사실을 발견할 수 있다. 게다가 재미있는 점은 해당 곡선은 회사가 최근 몇 년 동안 빠르게 성장해온 추세도 반영하고 있다는 점이다. 이전 직선과 비교해서 [그림 2-4]의 곡선은 기존 데이터의 점을 전체적으로 더 잘 반영하고 있다.

이를 통해 기존 데이터에 2차 함수를 적용한 곡선이 1차 함수를

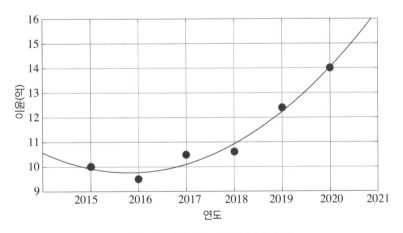

[그림 2-4] 2차 함수를 사용해 예측한 추세

적용한 직선보다 해석 능력이 더 강하다는 점을 쉽게 이해할 수 있다. 차수^{Rank}가 클수록 미정계수가 많아지고 선의 유연성도 강해져서 기존 데이터의 점에 더 잘 근접할 수 있는 것이다.

하지만 [그림 2-4]를 자세히 살펴본다면 일부 데이터와 곡선이 맞지 않다는 것을 발견할 수 있다. 곡선을 이 여섯 개의 점에 모두 맞추려면 5차 함수가 필요하다[그림 2-5].

[그림 2-5]의 곡선은 이전 직선이나 곡선과 달리 기존 데이터와 모두 일치한다. 이것은 해당 곡선의 해석 능력이 기존보다 훨씬 나아져서 기존 데이터를 완벽하게 해석할 수 있다는 의미이다. 이렇듯 해석 능력에서 보면 5차 함수가 가장 좋아 보인다. 하지만 그렇다고 해서 이것이 가장 좋은 모델인 것일까? 물론 아니다.

좋은 모델은 향후 몇 년 동안 회사의 이윤 상황을 예측할 수 있는

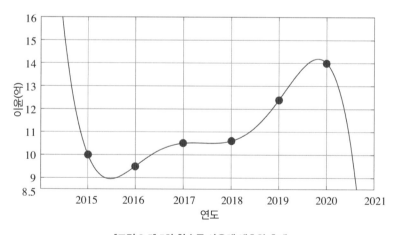

[그림 2-5] 5차 함수를 사용해 예측한 추세

모델이다. 하지만 5차 함수를 사용해 계산한 결과는 향후 몇 년 동안 회사의 이윤이 급격히 하락할 것으로 나오는데, 이는 합리적인 예측이 아니다.

왜 이런 현상이 벌어지는 걸까? 이는 기계학습의 '과적합Overfitting'이란 용어를 통해 설명할 수 있다. '과적합'은 '해당 모델이 기존 데이터를 해석하는 능력은 뛰어나지만, 앞으로의 데이터를 예측하는 능력은 부족하다'는 뜻이다.

왜 이런 결과가 나온 것일까? 이는 모든 데이터는 각종 잡음Noise에 영향을 받기 때문이다. 그러니 해당 곡선이 데이터와 정확하게 일치했다는 것은 이러한 잡음과 일치했다는 의미이다. 그리고 **'잡음과 일치했다'는 것은 '해당 곡선이 진짜 데이터의 경향성을 파악하지 못했다'는 뜻이다.**

사실 곡선의 해석 능력은 쉽게 높일 수 있다. 최소제곱법을 사용한다는 전제하에서 곡선에 대응하는 함수의 차수를 높이면 된다. 차수Rank를 높일수록 해석 능력이 강해지기 때문이다. 고차 함수의 곡선은 더 강한 유연성을 가지고 있어 기존 데이터에 더 잘 접근할 수 있다.

하지만 곡선의 예측 능력을 높이는 것은 쉬운 일이 아니다. 그러려면 다항함수의 차수를 통제할 필요가 있는데, 지나치게 높이면 잡음과 일치하게 되고, 너무 낮추면 곡선이 기존 데이터를 벗어나게 된다. 그래서 **모델의 좋고 나쁨을 판단하는 유일한 기준은 '미지의 데이터를 예측해낼 수 있느냐'이다.**

컴퓨터 과학자들은 과적합이 언제 출현할지를 판단해 이를 피할 각종 방법을 생각해냈다. 예를 들어서 모델을 선택할 때 일부러 모델의 복잡도를 통제해 앞에 소개한 예에서 등장한 다항함수의 차수를 통제하는 것이다.

이 밖에도 사람들은 항상 모델을 훈련하는 데이터(훈련데이터)와 모델의 좋고 나쁨을 시험하는 데이터(시험데이터)를 분리해서 사용한다. 모델의 좋고 나쁨을 시험하는 데 사용하는 데이터는 항상 해당 모델이 처리하지 않은 데이터인 셈이다. 이러한 데이터는 해당 모델에게는 '예측 데이터의 참값'이 된다.

종합하면 기계학습의 모델이 미지의 데이터를 예측할 능력이 있느냐는 모델의 좋고 나쁨을 판단하는 유일한 기준이다. 우리는 몇몇 방법을 통해서(예를 들어 최소제곱법과 같은) 기존 데이터를 훌륭하게 해석해낼 모델을 찾을 수 있다. 하지만 새로운 데이터를 훌륭하게 예측할 모델을 찾는 것은 굉장히 어렵다.

이제 '어떤 이론이 좋은 이론일까?'라는 질문에 답할 시간이다.

이론의 좋고 나쁨을 판단하기 위해서는 해당 이론이 이미 알려진 것을 해석할 능력이 있는지가 아니라 알려지지 않은 것을 예측할 능력이 있는지를 봐야 한다. 사실 주변에서 '해석' 능력이 있는 이론은 쉽게 찾을 수 있다. 하지만 정말 좋은 이론이라면 알지 못하는 것을 정확하게 '예측'해낼 수 있어야 한다.

영국 근대 경험론자인 프랜시스 베이컨^{Francis Bacon}은 '아는 것이 힘이다.'라는 명언을 남기며 '과학적 방법'을 제시했다.

- 관찰한다.
- 이론의 가설을 제시한다.
- 이론의 가설에 따라 예측한다.
- 실험을 통해 예측이 실현될 수 있는지를 검증한다.
- 얻은 결론을 분석한다.

만약 예측과 결과가 일치한다면 해당 이론은 옳을 가능성이 있지만, 일치하지 않는다면 가설을 수정해야 한다. 이제 이해했는가? 과학적 방법에서도 '예측'을 강조하고 있는 것이다. 우리는 이 기준을 근거로 일상에서 사용하는 각종 이론을 검증해 볼 수 있다.

예를 들어서 증권분석가들은 각종 이론을 사용해 주식이 내려가고 올라가는 이유를 설명한다. 하지만 이건 '해석'에 지나지 않는다. 이미 발생한 일을 해석하는 것은 쉬운 일이다. 예를 들어서 오늘 갑자기 어느 주식이 폭락했다고 해 보자. 그럼 관련 업종에 영향을 받아서 그렇다든지 재무 보고가 기대치보다 나빠서 그렇다든지 등 다양한 이유를 찾을 수 있다. 이렇듯 해석은 쉽지만 별다른 역할을 발휘하지는 못한다.

증권분석가가 정말 실력이 있는지 확인하고 싶다면 그의 이론을 사용해 주식 시장을 예측해 보면 된다. 만약 주식 시장이 그의 이론대로 변화한다면 그는 실력 있는 증권분석가다. 하지만 안타깝게도 증권분석가 중 대부분은 이런 실력을 갖추고 있지 못한다. 게다가 사람들도 증권분석가가 얼마큼 정확하게 예측해낼 수 있는지를 진지하게 검토하고 통계해 보려 하지 않는다.

성공학 영역도 마찬가지다. 시중에 나온 성공학 도서 작가들은 보통 성공한 사람들의 경험을 바탕으로 자신만의 관점에서 성공학 이론을 정리한다. 이런 이론들은 성공한 사람들의 경험을 종합한 것이기 때문에 이들이 성공한 이유를 아주 잘 '해석'하고 있다. 하지만 정말 유용한 성공학 이론이라면 성공하기 몇 년 전에 그 사람이 성공할 것이라고 정확하게 예측할 수 있어야 한다. 이런 이론이야말로 가치 있는 이론이다.

종합하면 해석은 하기는 쉽지만 가치가 낮고, 예측은 하기는 어렵지만 진귀한 가치를 지녔다.

아둔한 구두장이 셋과
제갈량의 대결

　중국 옛말에 '아둔한 구두장이라도 셋이 모이면 제갈량과 필적할 수 있다三個臭皮匠, 頂個諸葛亮.'라는 말이 있다. 여러 사람이 지혜를 모으면 역사적으로 유명한 전략가인 제갈량과도 겨뤄볼 수 있다는 뜻이다. 하지만 정말 그럴까? 지금부터는 연립 방정식을 사용해서 이 말이 정말 일리가 있는지 살펴볼 생각이다.

다르면 다를수록 좋은 점

　컬럼비아대학교 경영대학원의 캐서린 필립스Katherine Phillips 교수는 한 가지 연구를 진행했다. 작은 그룹을 구성한 뒤 살인사건의 수수께끼를 풀게 하는 것이었다. 각 그룹은 알리바이, 증인의 진술, 용의자 명단 등 대량의 자료를 근거로 사건의 진상을 파악해야 했다. 필립스 교수는 팀의 구성이 정확한 추론에 영향을 주는지를 관찰하기 위해 세 가지 방식으로 무리를 만들었다.

첫 번째 방식은 개인이 혼자서 팀을 구성해 단독 조사를 하게 했고, 두 번째 방식은 비슷한 배경을 가지고 취향도 일치하는 친구들끼리 팀을 구성해 조사하게 했다. 그리고 세 번째 방식은 몇 명의 친구들 사이에 생활환경과 배경이 다른 낯선 사람을 넣어 함께 조사하게 했다.

어떤 팀이 가장 성과가 높았을까? 답은 세 번째 방식인 몇 명의 친구들과 낯선 사람으로 구성된 팀이었다. 해당 팀은 75%의 사건에서 진상을 파악하는 데 성공했다. 반대로 친구들로만 구성된 팀의 추론 정확률은 54%였고, 단독 조사한 팀의 추론 정확률은 44%였다.

낯선 사람이 속한 팀이 친구들로만 구성된 팀보다 성과가 좋았던 이유는 뭘까?

필립스 교수는 두 그룹의 임무 진행 과정을 자세히 살펴보았다. 전부 친구로만 구성된 팀은 화기애애한 분위기 속에서 문제를 토론했다. 이들은 바라보는 시각, 관점이 매우 비슷해서 대부분 서로의 주장을 인정하고 존중했지만, 마지막에 각자의 의견을 종합해서 결론을 내릴 때 오류를 저지르는 경우가 많았다.

반면 낯선 사람이 속한 팀은 달랐다. 낯선 사람은 다른 팀원들과 처한 환경이나 배경이 달라 사건을 바라보는 시각도 달랐다. 이 때문에 팀원들이 모여 토론하면 항상 이견이 팽배했고 논쟁이 끊이질 않았지만, 마지막에 외부에 공개하는 결론은 대체로 정확했다.

이것이 바로 다양성이 가져다주는 이점이자 '아둔한 구두장이라도 셋이 모이면 제갈량과 필적할 수 있다.'라는 말에 담긴 의미다.

다양성이 이점을 가져다준다는 것은 이미 널리 알려진 사실이다. 그래서 의사들은 치료하기 어려운 환자를 만나면 경험 많은 의사들에게 도움을 요청한다. 서로 다른 전공의 배경, 경험, 시각이 모두 다른 의사들이 함께 모여 토론하면 가장 해답에 가까운 결론을 도출해낼 수 있다.

스콧 페이지Scott Page가 저술한 『차이The Difference』에는 이와 관련된 여러 예가 등장한다. 공공 정책 문제를 해결하려 하는데 팀에 이미 우수한 통계학자가 세 명이나 있다. 그렇다면 팀에는 다양성을 위해 통계학자가 아닌 경제학자나 사회학자가 필요하다. 또 테니스 운동선수가 경기할 때 세 명의 코치가 있는 것보다는 한 명의 코치와 한 명의 피트니스 트레이너, 한 명의 영양사가 있는 게 더 도움이 된다. 사람은 누구나 스스로 인지하지 못하는 맹점을 가지고 있기 때문이다. 그래서 서로 다른 각도에서 문제를 바라보는 사람들끼리 모여 함께 토론해 얻은 공통된 의견이 진실에 더 가까울 수 있다. 이것 또한 바로 다양성의 이점이다.

이제 연립 방정식을 통해 다양성의 이점을 살펴보도록 하자. 그러기 위해서 우리는 먼저 연립 방정식의 본질을 이해해야 한다.

꿩과 토끼의 수로 알아본 연립 방정식의 본질

연립 방정식의 개념을 설명하기 위해서 오랫동안 널리 알려진 문제 하나를 소개하겠다. 『손자산경孫子算經』에서 맨 처음 출현한 문제다.

'꿩과 토끼가 한 우리에 있다. 35개의 머리가 있고 94개의 발이 있다.

그렇다면 꿩과 토끼는 각각 몇 마리인가?'

이 문제는 여러 가지 방법으로 풀어볼 수 있지만 그중에서 연립 방정식이 가장 직접적이고 효율적이다.

꿩과 토끼의 수량을 각각 x_1, x_2로 하면 다음과 같은 연립 방정식이 된다.

$$\begin{cases} x_1 + x_2 = 35 \\ 2x_1 + 4x_2 = 94 \end{cases}$$

연립 방정식을 풀어보면 $x_1 = 23$, $x_2 = 12$라는 답이 나온다. 다시 말해서 꿩은 23마리, 토끼는 12마리인 것이다. 이렇게 우리는 연립 방정식을 통해 문제를 해결하지만 정작 연립 방정식의 본질이 무엇인지에 대해 고민하는 경우는 드물다. 나는 개인적으로 연립 방정식의 본질은 아래와 같다고 생각한다.

지금 눈앞에 하나 혹은 여러 개의 사물이 있다고 해 보자. 우리는 이러한 사물들의 내부 본질이 뭔지 직접 알 수 없다. 단지 여러 각도에서 사물의 외형을 관찰할 수 있을 뿐이다.

여기서 내부 본질은 연립 방정식의 변수이고 외형은 연립 방정식의 우변의 주어진 값이다. 여러 각도에서 관찰하면 우리는 상응하는 내부 본질과 외형의 관계를 파악할 수 있고 대응하는 방정식을 얻을 수 있다.

> 하나의 방정식은 하나의 각도에서 관찰해 얻은 결과이다. 그러니 만약 우리가 다양한 각도에서 관찰을 진행한다면 연립 방정식을 얻을 수 있다. 그리고 이 연립 방정식을 풀어가는 과정은 다양한 각도에서 관찰한 결과를 종합해 내부 본질을 찾아가는 과정이다.

자, 다시 꿩과 토끼의 문제로 돌아가 보자. 한 우리에 있는 꿩과 토끼가 각각 몇 마리인지 알고자 할 때 첫 번째 방정식은 '머리'라는 각도에서 계산해 꿩과 토끼의 머리의 합은 총 35개라는 결론을 제공해 준다. 두 번째 방정식은 '다리'의 각도에서 계산해 꿩과 토끼의 다리의 합은 총 94개라는 결론을 알려준다.

연립 방정식은 이처럼 우리가 이 두 가지 각도를 종합해 방정식을 풀어 배후의 진상(꿩과 토끼의 개체수)을 알 수 있게 해 주는 것이다.

우리는 연립 방정식으로 더 구체적인 형상을 그려 볼 수 있다. 한 우리에 있는 꿩과 토끼 문제를 예로 들어보면 첫 번째 방정식 $x_1 + x_2 = 35$의 모든 해 (x_1, x_2)는 $x_1 x_2$평면에서 한 직선상에 위치한다. 이 직선상의 모든 점의 가로 좌표 x_1과 세로 좌표 x_2의 합은 모두 35다. 마찬가지로 두 번째 방정식에서 $2x_1 + 4x_2 = 94$의 모든 해도 이 평면에서 또 다른 직선상에 위치해 있다. 만약 우리가 도형을 사용해 표시해 본다면 [그림 3-1]에서 직선 L_1은 첫 번째 방정식, 직선 L_2는 두 번째 방정식을 나타낸다. 이 두 개의 직선이 만나는 점이 바로 해당 연립 방정식의 해이다.

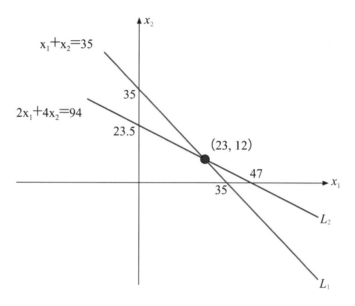

[그림 3-1] 한 우리에 있는 꿩과 토끼의 수에 대한 연립 방정식

각 직선은 연립 방정식의 각 방정식을 나타내고, 직선들의 교점은 연립 방정식의 해이다. 우리는 이를 통해서 연립 방정식의 본질을 더욱 깊게 이해해 볼 수 있다. **각 직선은 하나의 관찰 각도를 나타내며 직선의 교점은 다양한 각도에서 관찰한 뒤 다다른 공통된 의견이다.**

우리는 항상 여러 각도에서 관찰을 진행해 얻은 공통된 의견이 문제 뒤에 숨겨진 진실에 다가서기를 바란다. 그런 점에서 방정식으로 풀어보는 방법이 한 우리에 있는 꿩과 토끼 문제를 완벽하게 해결할 수 있는 것처럼 보인다. 문제를 여러 방정식으로 나열하고 방정식을 풀어서 문제 뒤에 숨겨진 진실을 찾을 수 있으니 말이다. 하지만 실제 상황은 그렇게 단순하지 않다는 것을 다음의 예로 설명해 보겠다.

잡음에 민감한 불량 조건 연립 방정식

한 점주가 온라인 쇼핑몰에서 풍선을 판매한다고 해 보자. 이때 색깔은 같지만 크기가 살짝 다른 두 종류의 풍선이 각각 100개씩 주문이 들어왔다. 창고에서 두 종류의 풍선(공기가 주입되지 않은)을 각각 100개씩 꺼내던 점주는 실수로 두 종류 풍선을 뒤섞어 버렸다.

점주는 아르바이트생에게 발송 전까지 두 종류의 풍선 개수가 각각 100개가 맞는지 확인하라고 시켰고, 아르바이트생은 난관에 빠졌다. 두 종류의 풍선은 너무 비슷하게 생겨서 하나하나 비교하며 개수를 확인해야 했는데, 그러면 시간이 너무 오래 걸렸다. 그래서 해결 방법을 고민하던 아르바이트생은 다음과 같은 방법을 생각해 냈다.

그는 정밀 저울로 두 종류 풍선의 중량을 각각 계량했다. 풍선 A의 중량은 2.05g이었고 풍선 B의 중량은 2g이었다. 아르바이트생이 재빨리 풍선 전체 개수를 세보니 총 200개였고, 풍선의 전체 중량은

405g이었다. 이에 아르바이트생은 연립 방정식을 사용해 문제를 해결해야겠다고 생각했다. 먼저 그는 풍선 A와 풍선 B의 수량을 각각 x_1, x_2로 가정하고 다음과 같은 연립 방정식을 세웠다.

$$\begin{cases} x_1 + x_2 = 200 \\ 2.05x_1 + 2x_2 = 405 \end{cases}$$

그 결과, $x_1 = x_2 = 100$이라는 답을 통해 풍선이 종류마다 각각 100개라는 결론을 내린 아르바이트생은 득의양양해져서 자신이 수학적으로 문제를 해결했다고 확신했다. 하지만 짚고 가야 할 것은 이상적인 상황에서는 해당 방법을 활용하는 게 문제가 되지 않을 수 있겠지만, 실제 현실에서는 상당히 큰 위험성을 가지고 있다는 점이다. 만약 아르바이트생이 사용한 저울에 아주 미세한 오차가 있어 최종 무게가 405g이 아니라 406g이었다면 어떻게 될까? 이를 연립 방정식에 적용해 보면 다음과 같다.

$$\begin{cases} x_1 + x_2 = 200 \\ 2.05x_1 + 2x_2 = 406 \end{cases}$$

이 경우 아르바이트생은 $x_1 = 120$, $x_2 = 80$이란 결론을 얻는다. 겨우 1g의 오차로 완전히 다른 결과가 나오는 것이다. 반면 아르바이트생이 저울에 잴 때 사용한 샘플 풍선 A가 다른 풍선 A보다 살짝 가벼워서 2.05g이 아니라 2.04g이었다면 연립 방식은 다음과 같다.

$$\begin{cases} x_1 + x_2 = 200 \\ 2.04x_1 + 2x_2 = 405 \end{cases}$$

이 경우 아르바이트생은 x_1=125, x_2=75란 결론을 얻는데, 이는 실제 답인 x_1=100, x_2=100과 상당한 차이를 보인다. 다시 말해서 고작 0.01g의 오차가 마지막 결과에서 엄청난 오차를 만들어내는 것이다.

이와 같은 상황이 발생하지 않으면 좋겠지만 현실에서 오차를 완전히 제거하는 것은 불가능하다. 아주 작은 오차가 결과에 엄청난 영향을 미치는 것에 대해 우리는 '약간 벗어난 실수가 1마일이나 벗어난 것과 같다'라고 말한다. 또한 무게를 잴 때 생기는 오차를 '잡음'이라고 할 수 있다. 풍선을 예로 들었듯이 연립 방정식에서 아주 작은 잡음이 있을 경우 최종적으로 구한 해에 엄청난 오차가 생기게 되는데 이런 상황을 '잡음에 상당히 민감하다'라고 한다. 그리고 수학자들은 이처럼 잡음에 상당히 민감한 연립 방정식을 **'불량 조건 연립 방정식'**이라 부른다. 불량 조건 연립 방정식은 잡음, 초깃값 등에 상당히 민감해서 데이터를 살짝 고치기만 해도 나오는 결과가 완전히 달라진다.

하지만 모든 연립 방정식이 이런 문제를 가지고 있는 것은 아니다. 한 우리에 있는 꿩과 토끼 문제를 연립 방정식으로 계산할 때는 이런 문제가 생기지 않으니 말이다. 꿩과 토끼 문제에서 발의 개수를 잘못 세서 기존 94개가 아닌 96개가 되었다면 어떻게 될까? 다음과 같은 연립 방정식이 된다.

$$\begin{cases} x_1+x_2=35 \\ 2x_1+4x_2=96 \end{cases}$$

여기서 $x_1=24$, $x_2=13$의 결론을 얻을 수 있다. 비록 아주 정확한 정답은 아니지만 실제 정답인 $x_1=23$, $x_2=12$와 매우 근접해서 실제 응용해도 이 정도 차이로 엄청나게 큰 영향이 생기지는 않는다.

그렇다면 불량 조건 연립 방정식이 생기는 원인은 뭘까? 수학자들이 이미 문제점을 찾아냈는데, 바로 서로 다른 방정식에서 독립변수의 계수로 구성된 벡터의 끼인각과 관련이 있다. 이 때문에 수학자들은 조건수Condition Number를 정의해 불량 조건 연립 방정식의 '불량 정도'를 설명한다. 조건수를 얻으려면 먼저 연립 방정식의 계수를 행렬 형식으로 적은 뒤 해당 행렬에 대한 특잇값을 분해해야 한다. 이렇게 특잇값 분해의 결과로 조건수를 구할 수 있다. 조건수가 클수록 해당 연립 방정식의 불량 조건 정도가 심하고, 잡음에 대한 민감도가 강하다. 이런 해석은 정확하고 엄격하지만 선형대수에 대한 기초가 없는 사람이 이해하기는 어렵다. 그러니 불량 조건 연립 방정식을 직관적으로 나타낸 그래프 [그림 3-2]를 통해서 설명해 보도록 하겠다.

연립 방정식의 각 방정식은 하나의 직선에 대응하며 연립 방정식의 해는 각 방정식이 대응하는 직선의 교점이다. 앞에서 예로 언급한 풍선의 연립 방정식은 다음과 같다.

$$\begin{cases} x_1 + x_2 = 200 \\ 2.05x_1 + 2x_2 = 405 \end{cases}$$

우리는 이 두 가지 직선의 기울기가 아주 근접(두 직선이 이루는 각이 아주 작다)한 것을 볼 수 있다. 이런 상황에서는 **어느 직선이든 기울기나 절편에 아주 작은 변화만 있어도 교점의 위치가 상당히 많이 달라질 수 있다.**

이것이 연립 방정식이 잡음에 민감한 원인이다.

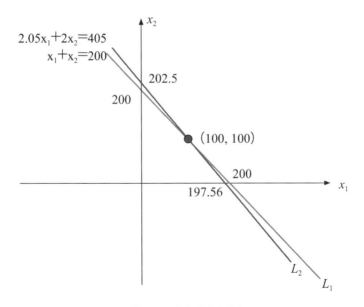

[그림 3-2] 풍선의 연립 방정식

반면 이와 비교해 봤을 때 앞에서 소개한 한 우리에 있는 꿩과 토끼의 예의 경우 해당 연립 방정식에 대응하는 두 직선이 이루는 각이 비교적 큰 것을 볼 수 있다. 그래서 어느 직선이든 약간의 변화가 발생해도 직선의 교점의 위치에 큰 변화가 발생하지 않는다. 그러므로 해당 방정식은 잡음에 민감하지 않다고 할 수 있다.

간단하게 말해서 **불량 조건 연립 방정식의 경우 대응하는 두 직선이 이루는 각이 아주 작다.** 그래서 어느 직선이든 아주 작은 변화가 발생하면 두 직선의 교점의 위치가 크게 바뀔 수 있다.

불량 조건 연립 방정식을 통해 본 다양성의 이점

우리는 불량 조건 연립 방정식을 통해 다양성이 중요한 이유를 더욱 잘 이해할 수 있다. 만약 여러 사람이 소통을 통해 이룬 공통된 의견으로 사건에 감춰진 진실을 알고자 한다면 서로 다른 견해를 가진 사람들로 구성되어야 가장 유리하다. 예를 들어 한 가지 사건에 대해 각자 자신만의 시선으로 사건을 관찰한 뒤 직선을 그린다면 모든 직선의 교점이 바로 공통된 의견이라 할 수 있다.

이런 공통된 의견이 사건의 진실과 근접하려면 사람들의 관찰 각도가 비교적 큰 차이를 가지고 있어야 한다. 이렇게 **비교적 큰 차이를 가진 각도에서 관찰을 진행한 뒤 얻은 공통된 의견이어야만 비로소 의미가 있다. 이것이 바로 수학의 관점에서 다양성의 이점을 설명한 것이다.**

연립 방정식의 모든 방정식은 어느 특정 각도에서 사물의 내적 본질을 표현한다. 그래서 연립 방정식의 해는 여러 각도에서 관찰한 결과를 통해 이룬 공통된 의견이라 할 수 있다.

　만일 각 방정식이 나타내는 직선의 기울기가 매우 비슷하다면 해당 연립 방정식은 '불량 조건 연립 방정식'이 된다. 그리고 불량 조건 연립 방정식은 매우 불안정해서 그 해가 잡음에 영향을 받기 쉽다. 그러니 여러 사람이 소통을 통해 공통된 의견을 이뤄 문제의 해답을 찾고 싶다면 각자 다른 각도에서 문제를 바라보아야 한다. 그렇지 않으면 불량 조건 연립 방정식으로 얻은 해가 정확하지 않게 되기 때문이다.

　이런 점에서 우리는 '아둔한 구두장이라도 셋이 모이면 제갈량과 필적할 수 있다'라는 말을 수정할 필요가 있다. 아둔한 구두장이 세 명이 모여서 제갈량과 필적하려 한다면 그들이 가진 능력과 문제를 바라보는 각도가 서로 달라야 한다. 만일 구두장이 세 명이 문제를 바라보는 각도가 비슷하다면 아무리 기를 쓰고 노력한들 제갈량 한 사람을 이길 수 없을 테니 말이다.

자주 찾아오는 소확행과
가끔 찾아오는 대확행

소확행과 대확행

일상에서 자주 접하는 '소확행'이란 단어는 일본 작가 무라카미 하루키의 수필집에서 등장한 말로 일상에서 자주 일어나는 '작지만 확실한 행복'을 뜻한다. 무라카미 하루키는 깨끗하게 세탁된 속옷이 서랍에 반듯하게 정리된 것을 보면 소확행을 느낀다고 말했다.

우리의 삶에도 소확행을 느낄 수 있는 일들은 많다. 기다리던 엘리베이터 문이 열렸는데 안에서 친구가 나올 때, 운전할 때 내가 선택한 차선이 뻥 뚫려 있을 때, 길을 걷다가 가로수에 푸른 새싹이 돋아난 것을 보았을 때, 엄마가 그리워 전화를 걸려고 하는데 마침 엄마에게 전화가 올 때, 오랫동안 장바구니에 담아 두고 사지 못했던 화장품의 할인행사를 할 때, 운동하고 씻은 뒤 소파에 누워 온몸의 모공이 열리는 느낌이 들 때 등 아주 많다. 이처럼 일상에서 수시로 찾아오는 작은 행복이자 즐거움인 소확행은 우리가 자세히 관찰하고 이해하기만 한다면 언제든 발견할 수 있다.

반면 크고 확실한 행복인 '대확행'도 있다. 대확행은 각종 중요한 시험(대학교 입학시험, 입사시험 등)에 통과했을 때, 복권에 당첨되었을 때, 박사 논문 심사에 통과했을 때, 직장에서 승진해 연봉이 인상되었을 때, 결혼해 아이가 태어났을 때 등을 말할 수 있다.

발생하는 빈도에서 보면 '대확행'은 '소확행'보다 적게 발생하지만 가져다주는 즐거움은 훨씬 크다.

그렇다면 가끔 찾아오는 대확행과 자주 찾아오는 소확행 중에서 어느 것이 더 우리를 행복하게 해 줄까? 이 문제를 과학적으로 들여다보기 위해 우리는 먼저 '합성곱Convolution'을 이해해야 한다.

Input과 Output의 표현, 합성곱

합성곱은 제어 시스템, 신호 처리 영역의 핵심 개념 중 하나로 현재는 합성곱 신경망Convolutional Neural Networks에서도 이 개념이 사용되고 있다. 이는 두 개의 신호 사이의 특수한 조작으로 숫자 정의가 매우 복잡해 보인다. 그러니 우리는 가장 간단한 시간 신호를 예로 들어보겠다. 두 개의 시간 신호 $f(t)$와 $g(t)$는 합성곱을 거친 뒤 새로운 신호 $y(t)$를 만들어낸다. 이 $y(t)$를 식으로 나타내면 아래와 같다.

$$y(t) = \int_{-\infty}^{\infty} f(\tau)g(t-\tau)\,\mathrm{d}\tau \tag{4.1}$$

이 표현식은 아주 복잡하고 난해해 보인다. 우리가 만약 수학으로 풀어보려 한다면 함수를 대칭시킨 뒤 복잡한 연산을 수차례 해야 할 테니 이해하기가 쉽지 않다. 그래서 처음 합성곱을 접한 사람이 이 표현식을 본다면 개념을 이해하는 것을 단번에 포기할 것이다. 따라서 여기서는 이 표현식을 구체적으로 소개하지 않고 현실적인 관점에서 합성곱을 소개하겠다.

합성곱의 목적은 외부 입력에 대한 시스템의 반응을 나타내는 것이다. 시스템은 제어이론^{Control Theory} 개념 중 하나이다. 쉽게 설명해서 시스템은 입력된 신호 $f(t)$를 받은 뒤 응답 신호(시스템의 입력에 대한 반응이라고도 말한다) $y(t)$를 만들어낸다[그림 4-1].

[그림 4-1] 시스템과 입력, 응답의 관계

시스템이 외부 입력에 응답한다는 개념은 일상 어디서나 접할 수 있다. 예를 들어서 아파서 약을 먹을 때 '약'은 입력이고 '몸'은 시스템이라 할 수 있다. 그리고 증상의 변화는 '약'이란 입력에 대한 '몸'이라는 시스템의 응답이다.

길을 걷다가 발을 접질리면 발목이 붓는다. 여기서 시스템은 '발목'이고 '접질린 것'은 입력이며 발이 부은 것은 '발'이라는 시스템이 입력에 응답한 것이다.

단어를 외우는 것도 마찬가지다. 단어를 외울 때 '단어를 외우는' 동작은 입력이고 '두뇌'는 시스템이며 외운 단어를 두뇌가 기억해내는 정도는 입력에 대한 두뇌라는 시스템의 응답이다. 길을 걷다가 실수로 누군가와 부딪쳤을 때 상대방이 욕을 한다면 그건 외부 입력이고, 거기에 따른 나의 기분 변화는 외부 입력에 대한 응답이라 할 수 있다.

우리는 위의 예를 통해서 입력은 펄스Pulse와 어느 정도 유사한 '자극'이라는 것을 알 수 있다. 이러한 한 차례의 자극을 제어 시스템에서는 '임펄스 함수Impulse'라고 부른다. 시스템이 임펄스 함수에 반응해 나타나는 응답은 일반적으로 '0'에서부터 높아져 최고점에 이른 뒤 서서히 '0'까지 떨어지는 패턴을 보인다.

예를 들어서 단어를 외우는 행위는 두뇌에 한 차례 충격이 입력되는 것이다. 그래서 짧은 시간 안에 깊은 인상을 남기면 두뇌가 빠르게 기억해낼 수 있다. 하지만 시간이 지남에 따라 인상이 점차 옅어지면 결국 단어를 완전히 잊어버리게 된다[그림 4-2].

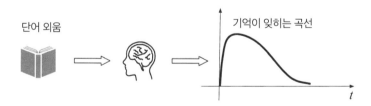

[그림 4-2] 시간의 흐름에 따른 암기 단어의 변화

[그림 4-3]은 위의 예를 종합한 모습으로 임펄스 함수 $f(t)$가 작용

해 시스템의 응답 $y(t)$가 '0'에서부터 올라가 어느 순간 최고점에 이른 뒤 서서히 내려가는 모습을 담고 있다. 이 패턴은 일상에서 접하는 대부분의 시스템이 외부 자극에 대해 보이는 반응 패턴이다.

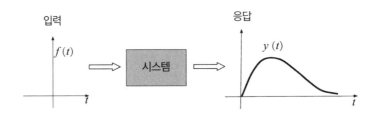

[그림 4-3] 일반적으로 시스템이 임펄스 함수에 응답하는 패턴

그렇다면 만일 앞에서 다룬 예처럼 입력이 일차적인 자극에 그치지 않고 일정 시간 동안 계속된다면 시스템은 어떤 식으로 응답하게 될까?[그림 4-4].

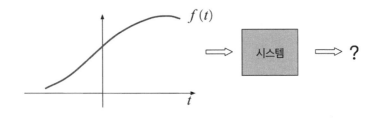

[그림 4-4] 입력이 계속된다면 시스템은 어떻게 응답할까?

답은 매우 간단하다. 연속된 입력 신호를 일련의 높이와 작용 시간이 서로 다른 펄스 연쇄Pulse Sequence로 나누어 분석하는 것으로 [그림 4-5] 즉, 일련의 임펄스 함수를 만드는 것이다.

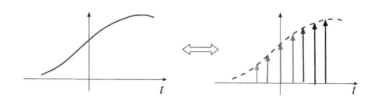

[그림 4-5] 입력을 일련의 임펄스 함수로 나누어 분석

이렇게 연속된 입력을 펄스 연쇄로 나누어 분석한 뒤 각각의 펄스 (임펄스 함수)의 단독 역할에 대한 시스템의 응답을 하나로 모으면 일련의 연속된 입력에 시스템이 어떻게 응답하는지 알 수 있다[그림 4-6].

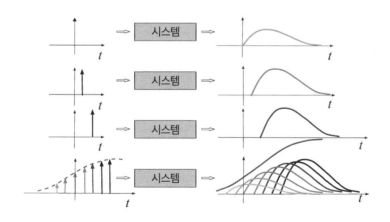

[그림 4-6] 분석 후 연속된 입력에 대한 시스템의 응답

수학 공식으로 위 과정을 표현한 것이 바로 공식(4.1)에서 정의한 합성곱이다. 공식에서 $g(t)$는 단위 높이의 임펄스 함수에 대한 시스템의 반응으로 임펄스 응답$^{Impulse\ Response}$이라 부른다.

합성곱 공식은 우리에게 한 가지 이치를 알려준다. 즉, 시스템은 펄스 연쇄에 대한 응답으로 각각의 펄스 입력에 대한 반응이 합쳐진 합이라는 것이다.

합성곱을 통해 본 대확행과 소확행

이제 합성곱을 통해서 대확행과 소확행이 행복감에 얼마큼 영향을 미치는지 설명해 보도록 하겠다.

즐거운 일이 생겼을 때(대확행이든 소확행이든) 이 즐거운 일은 앞에서 다룬 임펄스 함수에 해당한다. 그리고 즐거운 일이 '나'라는 시스템에 작용하면 행복감이 생겨난다. 하지만 이런 행복감은 오래 지속되지 않고, 오히려 생각했던 것보다 훨씬 빠르게 사라져버린다. 미국 진화심리학자 로버트 라이트$^{Robert\ Wright}$는 과거 『불교는 왜 진실인가$^{Why\ Buddhism\ is\ True}$』라는 책을 통해 생물진화의 관점에서 외부 자극이 가져다주는 쾌감이 빠르게 사라지는 이유를 분석했다.

먼저 우리는 음식을 먹고, 동료에게 인정받고, 경쟁자와 경쟁하고, 반려자를 찾는 등 많은 일을 위해 노력한다. 그리고 이런 행위는 우리가 자신의 유전자를 전파하는 데 도움을 준다. 진화는 두뇌가 이런 목적을 실현했을 때 쾌감을 만들어내고 쾌감은 우리가 계속 이런 목적을 좇도록 한다. 하지만 진화심리학은 우리에게 이런 쾌감이 오래 지속되지 않는다는 것도 알려준다. 그 이유는 쾌감이 사라지지 않으면 우리가 굳이 목표를 좇을 필요가 없기 때문이다.

예를 들어서 밥을 먹은 뒤 포만감이 사라지지 않는다면 음식을 구할 의욕이 사라진다. 또 성과를 거두어 얻은 행복감이 사라지지 않는다면 더 높은 목적을 추구하지 않게 된다. 그러므로 즐거운 일을 만나 생기는 행복감은 앞에서 언급한 것처럼 '0'에서부터 올라가 최고점에 이른 뒤 다시 천천히 떨어져 '0'에 이르는 패턴을 보인다. 또 대확행에 대응하는 임펄스 함수는 소확행에 대응하는 임펄스 함수보다 훨씬 높은 만큼 대확행이 가져다주는 행복감은 최고점도 더 높고 지속 시간도 더 길다. [그림 4-7]에서는 소확행과 대확행이 가져다주는 행복감이 각각 나타나 있다.

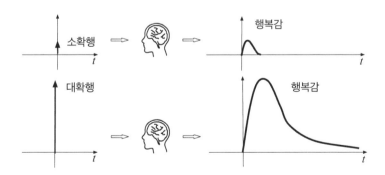

[그림 4-7] 소확행과 대확행으로 생겨나는 행복감

한 번의 대확행은 분명 한 번의 소확행보다 더 많은 행복감을 가져다준다. 하지만 대확행은 인생에서 몇 번 출현하지 않지만 소확행은 일상에서 자주 나타난다. 그러니 우리는 소확행이 빈번하게 발생할 때 행복감에 어떤 변화가 생기는지도 살펴볼 필요가 있다.

[그림 4-8]은 빈번하게 발생하는 소확행이 만들어내는 행복감이 나타나 있다. 여기서 보면 소확행이 만들어내는 행복감은 아주 작다. 하지만 합성곱 공식에 근거해 보면 시스템은 일련의 입력에 대한 응답으로, 각각의 단일 자극 반응에 대한 합으로 나타낼 수 있다. 게다가 각각의 소확행은 매우 인접해 있어 가까운 소확행들이 만들어내는 행복감이 합해질 경우 전체 행복감은 비교적 큰 수준에 계속 머물 수 있다.

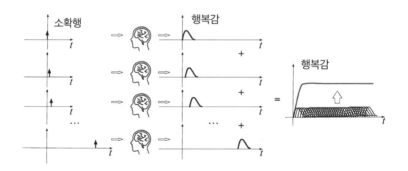

[그림 4-8] 계속 이어지는 소확행이 가져다주는 행복감

대확행이 만들어내는 행복감은 소확행보다 확실히 크지만 지속시간이 길지는 않다. 게다가 대확행은 시간 간격이 너무 길다. 그래

서 대확행으로 큰 행복감을 느끼더라도 시간 간격이 너무 긴 탓에 다시 발생할 때까지 행복감은 아주 낮은 수준에 머물러 있을 수밖에 없다. 이 과정은 [그림 4-9]를 보면 알 수 있다.

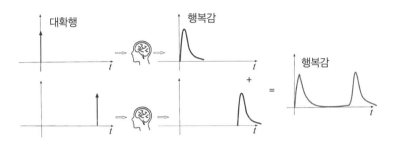

[그림 4-9] 대확행이 가져다주는 행복감

[그림 4-8]과 [그림 4-9]를 비교해 보면 **자주 찾아오는 소확행이 가끔 찾아오는 대확행보다 더 많은 행복감을 가져다준다는 것을 확실히 알 수 있다.** 이 점은 복권에 당첨된 사람이나 밑바닥에서부터 필사적으로 노력해 성공한 사람 중에서 일상의 행복을 느끼지 못하는 경우가 많은 이유를 설명해 준다. 바로 일상에서 '소확행'을 느끼는 능력이 부족하기 때문이다.

일상에서 응용 가능한 합성곱 관점

합성곱 관점은 일상에서 응용해 볼 수 있다. 대도시에서 직장생활을 하는 청년이 내 집 마련을 한다고 해 보자. 이런 상황에 주된 고민은 평수는 작지만 시내 중심에 있는 집을 장만할지, 아니면 평수는 넓지만 멀리 교외에 있는 집을 장만할지이다. 이 문제도 합성곱 관점을 활용해 분석해 볼 수 있다.

만약 평수가 넓지만 교외에 있는 집을 구입한다면 처음 입주하고 얼마간은 '대확행'을 느낄 수 있을 것이다. 하지만 경험이 있는 사람이라면 알겠지만 집의 평수는 그리 중요하지 않다. 집의 크기는 거주 환경에 큰 영향을 미치지 못한다. 처음 큰 집에서 살게 되었을 때는 뭔가 부자가 된 것 같은 기분에 만족감이 크지만 이런 행복감은 살다 보면 금세 사라져버린다. 게다가 집이 교외에 있으니 매일 출퇴근 시간이 오래 걸릴 수밖에 없다. '작은 고통'이더라도 이런 고통이 계속 모이면 행복감이 아주 낮아진다.

반대로 평수는 작지만 시내 중심에 있는 집은 처음 입주했을 때는 불편할 수 있지만, 적응하면 심하게 불편을 느끼지 않게 된다. 그러니 평수가 작은 단점은 지속 시간이 아주 짧은 '큰 고통'이라 할 수 있다. 또한 회사가 가까워 출퇴근 시간이 짧은 만큼 일찍 일어날 필요가 없으니 충분히 잘 수 있다. 그리고 퇴근한 뒤에는 운동, 독서 등 자신이 하고 싶은 일을 할 시간을 가질 수도 있다. 이렇듯 회사와 집이 가까우면 매일 많은 자유와 편리함을 누릴 수 있어 더 많은 소확행이 생기고, 이런 소확행들이 합해지면 행복감이 비교적 높은 수준에 머무를 수 있다. 그러니 선택할 수 있다면 교외에 있는 큰 집이 아니라 시내 중심에 있는 작은 집을 선택해야 한다.

단어를 외울 때도 마찬가지다. 외운 단어를 잊어버리지 않고 기억하는 비결은 잊어버리기 전에 여러 차례 반복 학습을 하는 것이다. 이 방법에 담긴 원리도 합성곱을 사용해 해석해 볼 수 있다. 한 차례 단어를 외운 효과는 시간에 따라 서서히 사라진다. 하지만 여러 차례 반복해서 단어를 외우면 각기 다른 시간마다 단어를 외운 효과가 더해진다. 외운 단어를 기억하고 싶다면 해당 단어가 두뇌의 기억 가능 구역에 일정 시간 머무르게 해야 한다. 한 차례 단어를 외운 효과는 지속 시간이 짧으므로 기억 가능 구역에 머무르게 하려면 외운 효과가 떨어지기 전에 다시 단어를 외워야 한다. 이 점은 [그림 4-10]을 통해 알 수 있다.

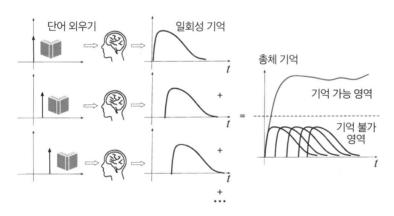

[그림 4-10] 단어를 반복해서 외우는 효과

만일 단어를 외우는 시간 간격이 너무 길다면 효과는 [그림 4-11] 곡선처럼 나타난다. 이 경우 단어가 두뇌의 기억 가능 구역으로 진입하지 못하므로 기억하지 못하게 된다.

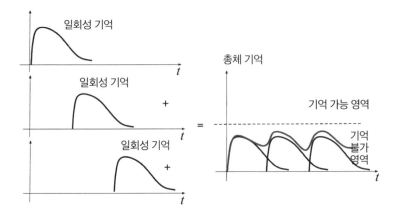

[그림 4-11] 단어를 외우는 시간 간격이 너무 길면 기억해내지 못하게 된다.

시스템에 하나의 입력이 주어지면 그에 따른 응답이 있다. 만약 입력이 어떤 펄스와 유사한 일회성 자극일 경우 시스템의 응답은 일반적으로 0에서부터 시작해 최고점이 이른 뒤 다시 서서히 내려가 0에 이르는 상태를 보인다.

연속적으로 신호가 입력될 경우 우리는 해당 입력 신호들을 개별적인 펄스로 나눈 뒤 하나의 펄스가 순차적으로 시스템에 입력되어 작용하게 할 수 있다. 합성곱은 펄스 연쇄에 대한 시스템의 반응이 각각의 펄스에 대한 반응의 합이라는 것을 알려준다.

합성곱은 우리가 일상에서 선택해야 할 때도 도움을 줄 수 있다. 예를 들어 빈번하게 찾아오는 소확행이 아주 가끔 찾아오는 대확행보다 훨씬 큰 행복감을 가져다 준다는 점이나, 대도시의 직장인은 작은 평수라도 시내 중심에 있는 집을 구입하는 게 교외에 있는 넓은 집을 구입하는 것보다 낫다는 점이나, 단어를 중복해 외우는 시간 간격이 너무 길면 기억할 수 없다는 것처럼 말이다.

장점과 단점의
심층 분석

'이 세상에 완벽한 것은 없다.'라는 말이 있다. 사람이나 사물 모두 단점과 결함을 가지고 있기 마련이란 뜻이다. 이 외에도 '모든 일에는 장점이 있으면 단점이 있고, 단점이 있으면 장점이 있다' 등 비슷한 의미를 가진 말들이 있다. 그래서 대부분 장단점에 대한 인식이 앞에서 언급한 말 정도에 머물러 있는 경우가 많지만, 여기서는 '장단점'을 주제로 깊이 있는 분석을 해 보고자 한다. 그러기 위해서는 먼저 컴퓨터의 프로세서에 대해 다뤄보아야 한다.

세 가지 프로세서

컴퓨터와 프로세서는 떼려야 뗄 수 없는 관계이다. 단순한 단일 칩 마이크로컴퓨터Single-Chip Microcomputer부터 휴대폰, 가정용 컴퓨터, 고성능 컴퓨터까지 모든 컴퓨터에는 프로세서가 있어 입력된 데이터를 계산하고 조작할 수 있다.

우리에게 가장 익숙한 프로세서는 아마도 중앙처리장치^{Central} Processing Unit, CPU일 것이다. CPU는 규모가 상당히 큰 집적 회로로 모든 프로세서 중에서 응용 범위가 가장 넓고 기능이 많다. CPU는 다양한 유형의 데이터에 대한 계산을 진행할 뿐만 아니라 명령 처리, 인터럽트 생성, 타이밍 등을 책임진다. 이처럼 CPU가 처리해야 할 업무가 다양하고 복잡한 만큼 CPU는 응용성이 강해야 하며, 내부 구조 또한 상당히 복잡하다. CPU는 '다재다능', '팔방미인'이라고 할 수 있다.

이어서 살펴볼 프로세서는 그래픽처리장치^{Graphics Processing Unit,} GPU이다. 이름에서 알 수 있듯이 GPU는 2D와 3D그래픽 처리에 사용된다. 이처럼 GPU는 비교적 단일한 업무를 담당하기 때문에 설계상 그래픽 처리에 특화되어 있다. 예를 들어 GPU의 산술 논리 장치 ^{Arithmetic Logic Unit, ALU}는 전체 프로세서의 수량과 점유율이 CPU보다 훨씬 높다. 이로써 GPU는 부동 소수점 계산과 병렬 컴퓨팅 방면에서 뛰어난 성능을 지니게 되어 CPU보다 그래픽을 수십 배 빨리 처리하며 컴퓨터 그래픽카드의 핵심 부품 역할을 할 수 있다. 이처럼 어느 특정 기능(그래픽 처리)을 위해 제작된 GPU는 응용성은 낮지만, 특정 기능에서 효율이 상당히 높다.

마지막으로 우리가 살펴볼 것은 구글에서 개발한 텐서 처리 장치 ^{Tensor Processing Units, TPU}이다. 최근 10년 동안 심층 신경망^{Deep Neural} ^{Network}으로 대표되는 인공지능이 빠르게 발전했다. 바둑기사 이세돌을 이긴 알파고^{AlphaGo}를 개발한 구글에서 제공하는 이미지 검색, 구글 포토, 구글 번역 등 각종 제품과 서비스는 심층 신경망에 깊이 의존하고 있다. 비록 CPU와 GPU 모두 심층 신경망의 계산을 소화할 수 있지만 효율은 매우 낮다. 그래서 심층 신경망의 계산 성능을 높이기 위해 구글은 심층 신경망 전문 계산 프로세서인 TPU를 개발했다. 심층 신경망에서 계산량이 가장 많은 것은 일반적으로 행렬 곱셈이다. TPU는 행렬 곱셈의 실행 효율을 높이기 위한 대대적인 최적화를 진행했다.

예를 들어 TPU는 양자화 기술을 응용해 부동 소수점 계산이 아닌 정수 연산을 진행해 연산에 필요한 메모리 용량과 컴퓨터 자원을 대폭 줄였다.

이 밖에도 TPU 안에 기억 관리 장치$^{Memory\ Management\ Unit,\ MMU}$를 설계해 무수한 곱셈과 계산을 직접 연결하여 클록 주파수^{Clock} ^{Frequency}(프로세서 업무의 기본 시간 단위. 한 클록 주파수 안에 CPU는 하나의 기본 동작을 완성한다) 안에 수천만회 행렬 연산을 처리할 수 있다. TPU는 CPU, GPU와 비교했을 때 성능이 15~50배 높고 효율도 30~80배 높다. 다만 주의할 점은 TPU는 행렬 곱셈 연산을 진행하는 데 최적화되어 있어 일반 컴퓨터에는 사용할 수 없다는 점이다. 그래서 TPU는 CPU처럼 팔방미인일 수 없을 뿐만 아니라 GPU처럼 명령에 따라 그래픽을 처리할 수도 없다. 오직 심층 신경망에 대한 계산만 진행할 뿐이다. 하지만 TPU는 심층 신경망 계산을 전문으로 하는 만큼 해당 부분에 최적화로 설계되어 있어 업무 효율이 굉장히 높다.

장점을 살리고 단점을 낮추는 적재적소 전략

세 가지 프로세서 중에서 CPU는 응용성은 가장 좋지만 효율은 비교적 낮다. GPU는 그래픽 처리를 전문으로 하는 만큼 응용성은 떨어지지만 그래픽 처리 속도가 매우 빠르다. 그리고 TPU는 심층 신경망에 대한 계산만 할 수 있어 응용성이 매우 낮지만, 전문적이고 정밀한 업무에 있어서는 효율이 가장 높다. 이 점을 통해 '모든 일에는 장점이 있으면 단점이 있고, 단점이 있으면 장점이 있다'라는 말을 증명할 수 있다.

세 가지 프로세서는 각자 장점을 발휘할 수 있는 부분이 있다. 하지만 맞지 않는 부분에 쓰이게 된다면 가진 장점을 발휘하지 못하고 오히려 단점만 드러내게 된다.

예를 들어서 계산, 명령 처리, 인터럽트 생성, 타이밍 등 다양하고 복잡한 임무를 처리할 수 있는 CPU는 일반 컴퓨터에서 장점을 가장 많이 발휘할 수 있다. 이런 CPU를 심층 신경망 계산에 사용하려 한다면 장점을 전혀 발휘하지 못하게 된다.

마찬가지로 심층 신경망 계산에 최적화되어 있는 TPU를 평범한 문서 처리, 소프트웨어 처리, 은행 업무 진행 등에 사용하는 것은 알맞지 않다. 이 점은 우리에게 '장단점'은 절대적이지 않다는 점을 알려준다. 더 정확하게 말하자면 장점과 단점이 아니라 특징이 있다고 볼 수 있다. 가진 특징이 장점이 될지 단점이 될지는 상황을 어떻게 판단하느냐에 달려 있다. 같은 특징이라도 어떤 상황에서는 장점이 될 수 있고, 어떤 상황에서는 단점이 될 수 있으니 말이다. 이 점과 관련해서 소개할 이야기가 있다.

단점을 장점으로 전환하는 기술

『장자莊子』「소요유」에 등장하는 내용이다.

어느 날 혜자惠子가 장자를 찾아와 말했다.

"위魏 나라 왕이 나에게 큰 박씨를 주어 그것을 심었더니 거대한 박이 자랐네. 다섯 섬이나 될 정도로 크고 알찼지. 하지만 박이 너무 커서 쓸데가 없더군. 물통으로 쓰기에는 너무 크고 그래서 반으로 쪼갰더니 물건을 담아 쓰기에도 적당하지 않았네. 아무리 생각해도 이 박으로는 뭘 할 수 있을지 모르겠더군. 쪼개어 그릇으로도 쓸 수 없으니 정말 아무짝에도 쓸모가 없었다네."

혜자가 이어서 말했다.

"그래서 쓸모없는 박을 부셔서 버렸다네."

가만히 듣고 있던 장자가 말했다.

"자네는 큰 것을 쓸 줄 모르는군. 다섯 섬이나 될 정도로 거대한 박이 있으면서 어째서 그것으로 배를 만들어 강호를 떠다니려 하지 않고 아무 데도 쓸 데가 없다고 걱정한 것인가?"

혜자는 박은 물이나 물건을 담는 바가지로만 쓸 수 있다고 생각했다. 그래서 거대한 박을 어떻게 써야 할지 몰라 부셔버린 것이다. 반면 장자는 거대한 박을 '강호를 떠다닐' 배의 용도로 사용할 수 있다고 보았다.

이 이야기는 사물이든 사람이든 고유의 특징을 가지고 있다는 점을 알려준다. 여기서 가장 중요한 점은 특징을 장점으로 바꿀 방법을 찾을 수 있다면 사물이 가진 가치를 충분히 쓸 수 있고, 사람이 가진 능력을 충분히 발휘할 수 있다는 것이다. 한마디로 장단점을 더욱 깊이 이해하면 '단점을 통제'해 '더 큰 장점'을 얻을 수 있다.

NP 하드 문제의 해결 방법

컴퓨터 과학에는 'NP 하드 문제$^{\text{NP-hard problem}}$'라는 것이 있다. 여기서 '하드'란 해결할 방법이 없다는 게 아니라 해당 문제를 해결할 가장 적합한 방법을 찾는 데 필요한 시간이 문제 규모가 확대됨에 따라서 급속도로 증가한다는 의미다.

전형적인 NP 하드 문제로는 '여행하는 외판원 문제$^{\text{Traveling Salesman}}$ ^{Problem}'가 있다. 이 문제는 사실 아주 간단하다. 지도에 표시된 도시들의 거리를 확인한 뒤 모든 도시를 순회해 출발점으로 다시 돌아오는 최단 거리 노선을 구하는 것이다. 이건 아주 중요한 문제이다. 작게는 음식 배달, 택배 배송부터 크게는 몇 개의 도시 사이의 공업 운송 계획까지 이 모든 배후에는 여행하는 외판원 문제가 있다. 수학자들은 이론상 최적의 노선을 찾고 싶다면 브루트 포스$^{\text{Brute Force}}$(조합 가능한 모든 경우의 수를 탐색하는 것 -역주)를 할 수밖에 없다는 것을 증명했다. 즉, 모든 노선을 나열한 뒤 각각의 길이를 계산해 가장 짧은 노선을 찾아야 한다는 것이다.

이 방법을 사용하면 최적의 노선을 찾을 수 있지만 노드^{Node}(도시)의 개수가 증가할수록 계산에 필요한 시간도 급속도로 증가하게 된다. 예를 들어서 7개 도시의 경우 총 720가지 노선으로 순회할 수 있다. 이 720가지 노선 중에서 최단 거리 노선을 찾는 일이 지나치게 번거로운 일이라고 할 수는 없다. 하지만 이건 어디까지나 도시가 7개인 경우이다. 만약 도시가 10개라면 노선은 362,880가지로 늘어난다. 그리고 만약 도시가 26개라면 노선은 1.5×10^{25}가지가 된다. 이건 과학자들이 추산한 우주의 모든 항성의 수량보다도 많다. 실제 응용에서 여행하는 외판원 문제의 노드 수는 수백 수천 개에 달한다.

그렇다면 이 문제를 해결하려면 어떻게 해야 할까?

이를 해결하기 위해서 컴퓨터 과학자들은 많은 휴리스틱 알고리즘$^{Heuristic\ Algorithm}$을 설계했다. 간단히 설명하자면 이 알고리즘은 우리가 최적의 방법에 접근하는 데 도움을 줄 수 있을 뿐만 아니라 계산해내는 속도가 일반적인 계산 속도보다 훨씬 빠르다.

여행하는 외판원 문제에 대한 간단한 휴리스틱 알고리즘이 있는데 'K-최근접 이웃$^{K-Nearest\ Neighbor}$'이라고 부른다. 어떤 하나의 도시에서 시작해 다음 도시를 방문할 때마다 현재 도시에서 거리가 가장 가까우면서 동시에 방문하지 않은 도시를 방문하게 하는 것이다.

컴퓨터 과학자들은 휴리스틱 알고리즘을 설계할 때 수학적으로 해당 알고리즘의 근사 비율Approximation Ratio을 찾으려 시도하는데, 최적해와 휴리스틱 알고리즘을 사용해 찾은 해의 비율이라고 할 수 있다. 예를 들어서 휴리스틱 알고리즘의 근사 비율이 2라면 해당 알고리즘이 여행하는 외판원 문제의 해결 방법을 빠르게 찾을 수 있다는 의미이다. 그리고 이 해결 방법을 적용한 거리는 가장 나쁜 상황에서도 최적 노선을 적용한 거리의 2배를 넘지 않는다는 것을 보장한다.

그렇다면 최적 노선을 찾을 수 없는 상황에서 휴리스틱 알고리즘을 사용해 찾은 해결 방법이 최적 노선의 2배를 넘지 않는다는 것을 어떻게 보장할 수 있을까? 참 놀랍고도 신비하지만 수학적으로는 이런 보장이 가능하다.

여행하는 외판원 문제를 위한 휴리스틱 알고리즘을 찾는 것은 단점(성능 하락이나 거리가 멀어지는 것)을 장점(속도가 빨라지는 것)으로 바꾸는 것이다. 게다가 중요한 점은 근사 비율이 단점의 정도를 표시해 단점을 통제할 수 있게 한다는 점이다. 그러니 휴리스틱 알고리즘의 단점을 받아들일 수 있다면 일상의 문제를 해결하는 데 안심하고 사용할 수 있을 것이다.

우리는 '장단점'을 주제로 컴퓨터 프로세서에 대해 다루고 NP 하드 문제와 많은 생활 사례를 이야기하면서 세 가지 관점을 다루어보았다.

첫 번째, 모든 일에는 장점이 있으면 단점이 있고, 단점이 있으면 장점이 있다.

두 번째, 장단점은 절대적이지 않다. 단점만 있거나 장점만 있는 상황은 거의 없고, 대부분 특징만 있다. 어떤 특징이 장점이 될지 단점이 될지는 상황 판단에 달려 있다. 그러니 특징이 장점으로 변할 수 있는 요소를 찾아 장점을 발휘할 수 있게 하는 게 가장 중요하다. 세 번째, 통제 가능한 단점을 활용해 더 큰 장점으로 바꾸는 것은 문제를 해결하는 효과적인 전략 중 하나이다.

군사 전략을 다룬 병서^{兵書}에는 '성을 포위할 때는 적군에게 반드시 도망갈 곳을 열어주어야 한다^{圍城必闕}.'라는 심리 전술이 있다. 성을 포위해 공격할 때 전부 막지 말고 빈틈을 주어 적이 도망갈 수 있게 해줘야 한다는 것이다. 만일 성을 겹겹이 포위해 도망갈 곳이 없게 되면 적은 살아서 나갈 수 없다는 생각에 필사의 항전을 벌이게 된다. 반대로 빈틈을 주어 소수가 도망갈 수 있게 해주면 적의 긴장감을 떨어뜨려 섬멸할 수 있다. 그러니 이것도 통제 가능한 단점을 활용해 더 큰 장점으로 바꾸는 경우이다.

복잡한 현상 배후에 숨겨진
단순한 규칙

택배 보관함의 비밀번호

인터넷에서 구입한 물건을 받을 때 택배 보관함을 자주 이용한다. 택배 보관함에서 물건을 찾는 과정은 다음과 같다.

일단 물건을 구매하면 물류 시스템에서 구매자의 휴대폰으로 비밀번호를 발송한다(예를 들어 D333EA). 이후 택배 보관함에 가서 해당 비밀번호를 입력하면 구매한 물건을 찾을 수 있다.

택배 보관함에서 구매한 물건을 찾는 일은 이미 일상이 되었다. 그렇다면 누군가가 택배 보관함에 있는 내 물건을 가져가지는 않을까? 규모가 큰 택배 보관함의 경우는 보관함이 수백 개나 된다. 만일 반복해서 아무 비밀번호를 눌러보거나 비밀번호를 잘못 입력해서 다른 사람의 물건이 들어 있는 보관함을 열어볼 가능성은 없을까?

이 질문의 답은 일단 '불가능하다'이다. 그럼 그 이유는 뭘까? 수학을 활용해 답을 찾아보도록 하자.

먼저 택배 보관함이 총 1,000개라고 가정해 보자. 모든 보관함은 숫자 0~9와 알파벳 A~Z를 조합한 여섯 자리 비밀번호가 설정되어 있다. 만일 택배 보관함에 무작위로 비밀번호를 입력해 보관함 하나를 열려면 비밀번호를 몇 차례나 입력해야 할까?

이 문제는 확률 문제이다. 우리는 택배 보관함의 비밀번호가 무작위로 만들어진다는 것을 알고 있다. 여섯 자리 비밀번호의 경우 각각의 자리에 총 36가지(숫자 10가지+알파벳 26가지) 가능성이 있다. 그렇다면 1회 비밀번호 입력의 정확률은 $\frac{1}{36^6}$이다. 그리고 1회에 1,000개의 보관함에서 한 개의 보관함을 열 확률은 $\frac{1000}{36^6}$이다.

만약 이 숫자가 와 닿지 않는다면 우리는 비밀번호를 몇 번 입력해야 비로소 $\frac{1}{10}$의 확률을 가지고 그중 한 개의 보관함을 열 수 있는지 계산해 볼 수 있다. n번 시도했을 때, $\frac{1}{10}$의 확률로 보관함을 여는 계산 공식은 다음과 같다.

$$1 - \left(1 - \frac{1000}{36^6}\right)^n = 0.1$$

n≒210720라는 결과가 나오므로 대략 21만 회이다. 10초에 비밀번호를 1회 입력한다고 가정하면 먹지도 마시지도 않고 택배 보관함 앞에 서서 24일 동안 계속 비밀번호를 눌러야 한다. 놀라운 것은 이것이 단지 $\frac{1}{10}$의 확률이라는 것이다.

이와 같은 복잡한 계산을 제쳐놓고 비밀번호를 무작위로 입력해 택배 보관함을 열 수 없는 이유를 설명하자면 그건 바로 택배 보관함의 비밀번호가 매우 드물게 분포되어 있기 때문이다. 드물게 분포되어 있다는 것은 무슨 의미일까? 가령 서랍의 칸에 각각 비밀번호가 설정되어 있다고 해 보자. 이 비밀번호는 정해진 범위 안에서 무작위로 생성된다. 독자들이 더 쉽게 이해할 수 있도록 가장 단순하게 10개의 칸에 단 한 자리로만 된 비밀번호가 있다고 가정해 보자.

그렇다면 비밀번호는 분명 10개의 숫자 및 26개의 알파벳 중 하나이다. 이제 한 직선 위에 36개의 점이 찍힌 상황을 상상해 보자[그림 6-1]. 각각의 점은 1개의 숫자 또는 알파벳을 상징한다. 서랍 10개의 칸에 각각 설정된 비밀번호(그림에서 10개의 큰 점으로 표시된 값)는 직선에 있는 36개의 점 중에서 10개이다.

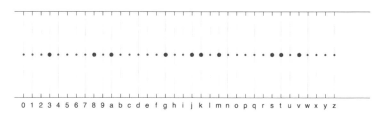

0 1 2 3 4 5 6 7 8 9 a b c d e f g h i j k l m n o p q r s t u v w x y z

[그림 6-1] 비밀번호가 한자리일 때의 상황

[그림 6-1]에서 알 수 있듯이 여기서는 무작위로 하나의 값을 선택했을 때 큰 값을 선택할 가능성이 있다. 즉, 무작위로 비밀번호를 입력했는데 10개 중 어느 한 칸이 열리는 상황이 쉽게 생길 수 있다는 의미이다.

그렇다면 비밀번호가 두 자리라고 가정해 보자. 첫 번째 자리 비밀번호는 36개의 값이 표시된 가로축이고 두 번째 자리 비밀번호는 36개의 값이 표시된 세로축이다. 이때 설정된 비밀번호는 2차원 평면의 교차점에 있게 되는데, [그림 6-2a]를 통해 볼 수 있다. 이 그림에서도 무작위로 생성된 10개의 비밀번호는 큰 점으로 표시되어 있다. 우리는 여기서 10개의 큰 점이 매우 드물게 분포된 것을 확인할 수 있다. 그러니 무작위로 선택했을 때 큰 점의 위치를 맞추기란 대단히 어렵다.

만약 비밀번호가 세 자리라면 비밀번호는 3차원 공간의 점으로 표현된다. [그림 6-2b]에는 출현할 수 있는 모든 비밀번호를 나타낸 값들과 무작위로 생성된 10개의 비밀번호(큰 점)가 표시되어 있다. 여기서는 10개의 큰 점이 훨씬 더 드물게 분포되어 있다.

이를 통해 우리는 비밀번호가 여섯 자리인 경우 출현할 수 있는 모든 비밀번호가 6차원 공간에 한 점으로 표시되고, 무작위로 생성

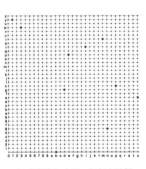

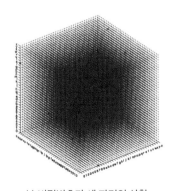

a) 비밀번호가 두 자리인 상황   b) 비밀번호가 세 자리인 상황

[그림 6-2]

된 비밀번호인 큰 점은 무척이나 드물게 분포된 모습을 상상할 수 있다. 그러니 비밀번호를 알아낸다는 것은 사막에서 바늘을 찾는 것과 같다. 행운이 없으면 절대 불가능한 일이다. 이처럼 **희소성은 비밀번호가 안전성을 가지게 해 주는 핵심이다.**

희소한 시간 신호와 이미지

수학에서 '희소성'은 명확하게 정의되어 있다. 만약 시간 신호가 희소하다면 이 시간 신호는 대부분 위치의 값이 0이다. [그림 6-3a]에는 이 희소한 시간 신호가 나타나 있다.

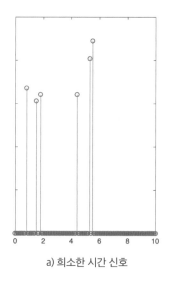

a) 희소한 시간 신호

b) 희소한 이미지

[그림 6-3]

만약 이미지가 희소하다면 해당 이미지의 화소값은 대부분 0일 것이다(대응하는 색은 검은색). [그림 6-3b]는 희소한 이미지다.

그렇다면 내가 '지금의 시간 신호와 이미지는 대부분 희소하다'라고 말한다면 이 말에 동의할 수 있겠는가? 아마 몇몇은 '우리가 보는 시간 신호와 이미지는 대부분 위의 그림과 같지 않으므로 그렇지 않다'라고 주장하고 싶을 것이다.

현실에서 시간 신호가 어떤지 보도록 하자. 요즘 많은 사람이 사용하는 스마트워치는 [그림 6-4a]처럼 운동상황을 측정할 수 있다. 사용자가 운동할 때 스마트워치는 가속도 센서를 사용해 사용자 팔목의 가속도의 원시 신호를 수집한다. 그리고 이 신호를 처리해 걸음 수, 보폭 등의 정보를 얻는다. 만약 우리가 가속도의 원시 신호를 표현한다면 [그림 6-4b]와 같을 것이다.

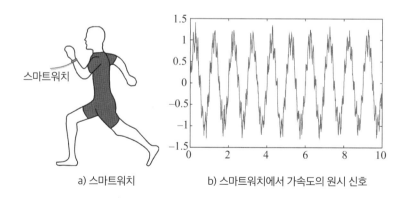

a) 스마트워치   b) 스마트워치에서 가속도의 원시 신호

[그림 6-4]

이 가속도의 원시 신호는 [그림 6-3a]처럼 희소해 보이지 않는다.

하지만 여기서 짚고 넘어가야 할 게 있다. 이 가속도의 원시 신호가 희소해 보이지 않더라도 다른 방식을 사용해 표현하면 희소해 보일 것이라는 사실이다. 여기에서 우리는 '푸리에 급수Fourier Series 개념'을 사용할 필요가 있다.

프랑스 수학자이자 물리학자인 푸리에Jean Baptiste Joseph Fourier는 1807년에 논문 한 편을 발표한다. 바로 어떤 연속적인 주기 신호는 모두 서로 다른 주파수의 사인파 합을 통해 얻을 수 있다는 결론을 설명한 논문이었다. 여기서 주파수는 변화의 속도로 곡선의 변화하는 속도가 빠를수록 주파수가 높다고 이해할 수 있다.

[그림 6-5]에서 이 점을 더욱 명확하게 관찰할 수 있다. 등식의 좌변 신호를 우변의 일련의 서로 다른 주파수의 사인파의 합으로 표현할 수 있다. 주의할 점은 모든 사인파 앞에는 하나의 계수(즉, 그림에서 a_1, a_2,…)가 있다는 것이다.

푸리에 급수 공식은 우리에게 사인파 앞의 계수를 어떻게 계산해야 하는지를 알려준다. 아마 여기서 하나의 신호가 서로 다른 주파수의 사인파 합으로 변하는 게 우리에게 무슨 도움이 되는지 의문이 생길 것이다. 이러한 사인파는 사전에 정해진 것이다. 그래서 임의의 신호에 대해 우리가 이런 사인파의 앞에 계수 a_1, a_2를 알기만 한다면 이 신호를 완벽하게 재현해낼 수 있다. 간단하게 말해서 **이러한 계수는 이 신호의 또 다른 표현인 것이다.** 그래서 신호를 처리할 때 일반적으로 계수 a_1, a_2,…를 신호의 '주파수 영역 표시'라고 부른다.

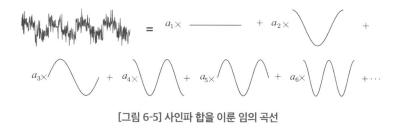

[그림 6-5] 사인파 합을 이룬 임의 곡선

더욱 신기한 점은 스마트워치에 기록된 가속도의 원시 신호처럼 일상 신호 중 대부분이 희소하지 않음에도 사인파를 사용해 표시하면 사인파 앞의 계수가 대부분 0이라는 점이다. 쉽게 말하자면 이것은 **해당 신호의 주파수 영역 표시가 희소하다**는 의미이다.

우리가 스마트워치의 신호를 예로 들어 푸리에 급수 공식을 사용해 각각의 사인파 앞에 계수를 계산한다면 좌변의 원시 신호를 서로 다른 주파수의 사인파의 합으로 표현할 수 있다. 여기서 왼쪽에서 오른쪽으로 사인파의 주파수가 점점 높아지고 있다[그림 6-6].

또한 원시 신호를 표현하는 데 사용된 모든 사인파 중에서 소수 몇 개 사인파의 주파수만 높고 다른 사인파의 주파수는 아주 낮은 것을 볼 수 있다. 이것은 소수의 사인파를 제외하고 대부분의 사인파 앞의 계수가 0에 가깝다는 것을 의미한다. 다시 말해서 이 시간 신호의 영역 표시가 희소하다는 의미이다.

시간 신호 외에 일상의 이미지 [그림 6-7]도 희소하며 그 원리는 스마트워치와 유사하다. 비록 [그림 6-8]에서 원본 이미지는 희소

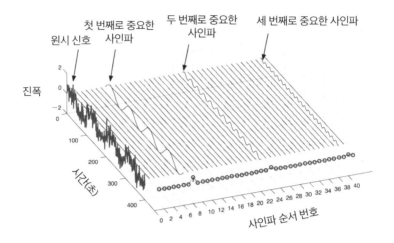

첫 번째로 중요한 사인파

두 번째로 중요한 사인파

세 번째로 중요한 사인파

원시 신호

진폭

시간(초)

사인파 순서 번호

[그림 6-6] 서로 다른 주파수의 사인파의 합을 사용해 표시한 원본 신호

하지 않지만, 수학에서 특잇값 분해라는 수학 도구를 사용하면 해당 이미지를 일련의 아주 단순한 이미지의 합으로 분해할 수 있다.

등식 우변의 이러한 이미지는 매우 단순하다. 만약 자세히 살펴본다면 이러한 단순한 이미지들이 모두 가로줄과 세로줄로 구성되어 있지만, 이미지마다 가로줄과 세로줄의 위치가 다르다는 것을 발견할 수 있다. 이를 통해 우리는 **단순한 이미지가 원본 이미지에서의 일종의 패턴에 대응한다**고 말할 수 있다.

중요한 점은 단순 이미지 앞의 계수 a_1, a_2,…가 희소하다는 것이다. 특잇값 분해로 얻은 계수 a_1, a_2,…에 근거해 보면 엄격하게 높음에서 낮은 순으로 빠르게 하락하고 있다. 앞에 몇몇 이미지 계수만

[그림 6-7] 원본 사진

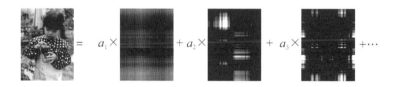

[그림 6-8] 다양한 단순 이미지의 합을 사용해 표현한 원본 이미지

비교적 클 뿐 뒤의 이미지일수록 계수가 작고 0에 근접해 있다. 이는 희소해 보이지 않는 원본 이미지를 우리가 소수의 간단한 이미지를 사용해 표현해낼 수 있다는 의미이다.

그렇다면 이렇게 표현해낼 수 있는 것의 장점은 무엇일까? 장점은 주로 데이터 압축 방면에서 드러난다. 단순 이미지는 원본 이미지보다 저장 공간이 적게 필요하다. 이런 방법을 통해 우리는 소량의 비교적 큰 계수에 대응하는 단순 이미지와 대응하는 계수를 함께 저장해서 원본 이미지를 회복할 수 있다. 그리고 이를 통해서 저장에 필요한 공간을 대폭 압축할 수 있다. [그림 6-9a]는 원본 이미지이고 [그림 6-9b]는 앞에 100개의 단순 이미지를 합해 얻은 이미지이다. 우리는 두 가지 이미지가 거의 같다는 것을 볼 수 있다. 여기서 100개의 단순 이미지 및 대응하는 계수를 저장하는 데 필요한 공간은 원본 이미지의 $\frac{1}{10}$이었다.

a) 원본 이미지　　　b) 앞에 100개의 단순 이미지를 합해 얻은 이미지

[그림 6-9]

원본 이미지는 매우 풍부해 희소해 보이지 않지만, 수학 도구를 사용해 보면 이러한 이미지에 포함된 단순 이미지의 패턴이 희소하다는 것을 발견할 수 있다. 예를 들어서 앞에 100개의 단순 이미지는 원본 이미지를 거의 완벽하게 표현해냈다. 이것은 절대 대다수의 일상 이미지에서 성립될 수 있다.

단순한 규칙이 만들어낸 환상적인 모형, 창발

해 질 무렵이면 세계 곳곳에서 수천 마리의 새들이 거대한 무리를 이뤄 나는 경이로운 광경을 볼 수 있다. 새들은 긴 대열을 만들기도 하고 동그랗게 한 덩어리를 이루기도 하고 각종 기이한 형태를 이루기도 한다[그림 6-10a]. 그리고 이런 모습은 떼 지어 움직이는 물고기 무리에서도 볼 수 있다[그림 6-10b].

a) 새 무리의 형태

b) 물고기 무리가 둥글게
소용돌이를 형성한 모습

[그림 6-10]

새 또는 물고기 무리의 이러한 집단행동은 아주 오래전부터 사람들의 시선을 끌었다. 1930년대 영국 조류학자 에드먼드 셀루스 Edmund Selous는 '사고-전이 Thoughts-Transference'란 단어를 사용해 이런 행동을 해석했다. 그는 새 무리 가운데 '유령'이 있어 각각의 새를 통제하고 새 무리 전체 운동을 제어해 각종 기이한 형태를 만들어낸다고 보았다. 물론 우리는 유령이 존재하지 않는다는 것을 알고 있다. 문제의 핵심은 **새의 지능지수로 아름답고 장엄한 형태를 이룰 수 있**

을 만큼의 복잡한 협력을 할 수 있느냐이다.

동물들이 무리를 지어 아름다운 광경을 만들어내는 것에 관한 연구는 1986년 컴퓨터 과학자 크레이그 레이놀즈^{Craig Reynolds}에 의해서 대대적인 진전을 이뤘다. 그는 연구 초기에 컴퓨터로 새 무리의 비행 모습을 효과적으로 재현했다. 사실 이전에 프로그래머가 새 무리의 운동 프로그램을 만들려면 프로그램에서 새들 각각의 운동 궤적을 규정해야 했다. 한마디로 말해 당시 프로그래머는 새 무리의 중심 지휘자이자 샐루스가 말한 '유령'인 셈이다. 하지만 레이놀즈는 일종의 '자기 조직화^{Self-Organizing}' 알고리즘으로 새 무리의 집단행동을 간단하게 재현할 수 있다는 것을 발견했다.

이 알고리즘에 따르면 무리에서 각각의 새들이 비행할 때 아래 세 가지 규칙만을 따르면 복잡한 집단행동이 이뤄질 수 있다.

(1) 자신 주변의 다른 구성원과 충돌을 피한다.
(2) 주변 구성원의 비행 방향과 같은 방향을 유지한다.
(3) 다른 새와 거리를 가깝게 유지해 떨어지지 않는다.

이 세 가지 규칙은 아주 단순해서 새들의 지능 수준이 높지 않아도 지킬 수 있다. 비행할 때 새 무리에서 각각의 새들이 주변 정보와 세 가지 규칙에 따라 상응하는 행동을 취하면 각종 복잡한 집단행동이 만들어질 수 있는 것이다.

새 무리뿐만 아니라 바닷속에서 물고기들이 회오리 운동을 하는 것도 마찬가지다. 습격당할 때 분수처럼 중간에서부터 흩어진 뒤 다시 모이는 모습을 모니터 스크린에서 모델의 매개변수에 근거해 똑같이 재현해낼 수 있다. 이러한 개체 사이의 단순한 규칙으로 전체의 수준 높은 활동으로 나타나는 현상을 학술계에서는 **'창발 Emergence'**이라고 부른다.

새 무리와 물고기 무리 외에도 개미에서도 이런 모습을 볼 수 있다. 개미는 지능이 매우 낮아 거의 본능적으로 반응하며 아주 단순한 일만 하지만 전체 개미의 행동은 아주 정교하고 복잡하다.

우리는 '창발'에서 복잡한 현상을 가능하게 하는 개체들이 가진 몇 가지 단순한 규칙도 '희소'하다는 것을 볼 수 있다.

세상을 깨우치는 수학

무작위로 비밀번호를 조합해서 택배 보관함을 열 수 없는 이유는 택배 보관함의 비밀번호가 드물게 분포되어 있기 때문이다. 일상에서 시간 신호와 이미지는 희소해 보이지 않지만 다른 표시 방법으로 바꿔보면 희소하다는 것을 발견할 수 있다. 이 밖에도 '창발'은 우리에게 복잡해 보이는 현상의 배후에는 몇 가지 단순한 규칙이 있고, 이것 역시 희소하다는 것을 알려준다. 이처럼 희소성은 우리 주변에 무수히 많이 찾아볼 수 있다. 복잡한 현상의 배후에 있는 규칙은 희소하고 단순하다.

사건 뒤 몸을 숨긴
배후 사건을 찾아라

바닐라 아이스크림만 차별하는 자동차

자동차 폰티악^{Pontiac}의 어느 부서에 고객의 불만 편지가 도착했다. 고객의 편지에는 다음과 같이 적혀 있었다.

이건 제가 두 번째로 쓰는 편지입니다. 지금껏 답신해 주지 않은 것을 탓할 생각은 없습니다. 저도 이 말이 정신 나간 소리처럼 들린다는 것을 아니까요. 하지만 이건 어디까지나 사실입니다. 저희 가족은 매일 저녁 식사를 마친 뒤 아이스크림을 먹는 전통이 있습니다. 그래서 저녁마다 자동차를 운전해 다른 맛의 아이스크림을 구입하러 갑니다. 지금부터 하는 말은 정말로 있었던 일입니다.

폰티악 자동차를 구입하고 얼마 뒤에 저는 아이스크림을 구입하는 과정에서 문제점을 발견했습니다. 매번 제가 바닐라 아이스크림을 사면 자동차가 시동이 걸리지 않는 겁니다. 그런데 다른 맛의 아이스크림을 사면 문제없이 시동이 걸립니다.

저는 이 문제를 매우 심각하게 생각하고 있습니다. 저를 정신 나간 사람이라고 생각해도 상관없습니다. 어째서 폰티악 자동차가 바닐라 아이스크림만 사면 시동이 걸리지 않는 건지 이유만 알려 주십시오.

자동차 회사 사장은 진위가 의심스러웠지만 엔지니어를 보내 문제를 살펴보게 했다. 차주와 함께 바닐라 아이스크림을 구입한 엔지니어는 정말로 자동차에 시동이 바로 걸리지 않는다는 것을 확인했다. 엔지니어는 3일 연속 저녁에 자동차를 운전해 아이스크림을 구입해 보았다.

첫째 날 저녁, 초콜릿 아이스크림을 구입하니 시동이 걸렸다.

둘째 날 저녁, 딸기 아이스크림을 구입하니 시동이 걸렸다.

셋째 날 저녁, 바닐라 아이스크림을 구입하니 시동이 걸리지 않았다.

왜 이런 어처구니 없는 일이 생긴 걸까? 엔지니어는 여러 차례 차주와 함께 아이스크림을 사러 가면서 모든 세세한 부분을 기록했다. 그리고 이런 사소한 부분들을 분석해 바닐라 아이스크림을 구입하는 과정이 다른 아이스크림을 구입하는 과정과 차별화된 부분이 있는지 찾으려 했다. 알고 보니 문제는 사소한 부분에 숨어 있었다. 엔지니어는 **바닐라 아이스크림이 다른 아이스크림보다 구입 시간이 훨씬 짧다**는 사실을 발견했다.

인기가 가장 많은 바닐라 아이스크림은 상점 입구에서 가까운 자리에 있어 찾을 필요 없이 집어서 계산하면 그만이었다. 이와 달리

다른 맛의 아이스크림은 상점에서 비교적 뒤쪽에 있는 데다가 여러 맛이 함께 뒤섞여 있어 이동하는 시간과 원하는 맛을 찾는 시간이 바닐라 아이스크림보다 훨씬 오래 걸렸다.

그렇다면 아이스크림을 구입하는 시간이 자동차 시동과 무슨 관련이 있는 걸까? 엔지니어는 차주의 자동차를 검사해 보던 중 '베이퍼 로크Vapor Lock'에 문제가 있는 것을 발견했다. 베이퍼 로크는 일반적으로 엔진이 뜨거울 때 생기는데, 만약 자동차의 연료 시스템에 베이퍼 로크가 발생한다면 엔진에 연료가 주입될 때 연료의 공급이 끊겼다 이어졌다 하면서 시동이 걸리지 않거나 주행 도중 꺼지게 된다.

차주가 구입한 폰티악 자동차는 베이퍼 로크 문제가 있었다. 다른 아이스크림을 구입할 때는 엔진이 식을 만큼 시간이 오래 걸려 순조롭게 시동이 걸렸지만, 바닐라 아이스크림은 구입 시간이 짧아 엔진이 뜨거워 베이퍼 로크가 사라지지 않은 상태였기에 시동이 걸리지 않은 것이었다. 엔지니어가 해당 자동차의 베이퍼 로크 문제를 해결하자 차주가 어떤 맛의 아이스크림을 사든 시동이 걸리지 않는 문제는 나타나지 않았다.

조건부 독립

앞에 등장한 이야기는 이해하기 힘든 문제도 차분하게 원인을 파악하면 해결할 수 있다는 내용을 담고 있다. 더구나 이 이야기를 더욱 깊이 분석해 보면 숨겨진 수학 개념을 발견할 수 있는데, 바로 '**조건부 독립**Conditional Independence'이다.

조건부 독립은 '**조건부 확률**Conditional Probability'과 관련이 있다. 그러니 먼저 조건부 확률이 뭔지 설명하겠다. 조건부 확률은 일반적으로 $P(A|C)$의 형식으로 표시하는데, 사건 C가 발생한 상황에서 사건 A가 발생할 확률을 말한다.

예를 들어서 비가 내리는 날에는 대중교통보다는 자동차를 운전해서 출근하는 방식을 선택한다. 이 경우에 C는 '비가 내리는 날'이고 A는 '자동차 운전'이며 $P(A|C)$는 1에 가까운 확률값(비가 내리는 날에 보통 자동차를 운전한다)이다. 만약 이 조건을 뺀다면 $P(A)$는 일반적인 상황에서 자동차를 운전할 확률(1년 동안 자동차를 운전해 출근하는 횟수를 통계해서 얻은)이다. 그러니 $P(A|C)$와 $P(A)$는 다르다는 것을 알 수 있다.

조건부 확률을 알았다면 조건부 독립에 대해 정의를 내릴 수 있다. 수학적으로 사건 A와 사건 B가 사건 C에 대한 조건부 독립이라면 아래와 같다.

$$P(B \mid A,C)=P(B \mid C) \tag{7.1}$$

$$P(A \mid B,C)=P(A \mid C) \tag{7.2}$$

$P(B \mid A,C)$는 사건 A와 사건 C가 동시에 발생하는 상황에서 사건 B가 발생할 확률이고, $P(B \mid C)$는 사건 C가 발생한다는 전제하에 사

건 B가 발생할 확률이다. 이 공식은 우리에게 조건부 독립의 상황에서 두 확률이 같다는 것을 알려준다.

두 확률이 같다는 의미를 더욱 명확하게 해석하기 위해서 한 가지 가정을 해 보겠다. 여기 두 사람이 있다. 두 사람 모두 사건 C가 발생했다는 것을 알고 있지만, 두 번째 사람은 사건 C가 발생한다는 것 외에 사건 A가 발생한다는 것도 알고 있다. **이 두 사람은 자신이 파악한 정보에 근거해 사건 B가 발생할 확률을 추측하고자 한다.** 수학 공식을 사용해 표현해 보면 첫 번째 사람은 $P(B|C)$이고 두 번째 사람은 $P(B|A,C)$이다.

두 번째 사람은 사건 A가 발생할 확률을 추정할 수 있는 만큼 첫 번째 사람보다 정보를 더 많이 알고 있다. 하지만 조건부 독립의 전제하에서 $P(B|A,C)=P(B|C)$이므로 두 사람이 얻는 결론은 완전히 같다. 다시 말하면 만약 사건 A와 사건 B가 사건 C와 관련해서 조건부 독립이라면 **사건 C가 발생한다는 것을 알고 있다는 전제하에서 사건 A의 발생을 아는 것은 우리가 사건 B의 발생 확률을 추정하는 데 도움이 되지 않는다.**

$$P(A|B,C)=P(A|C)$$

마찬가지로 이 공식은 우리에게 만약 사건 A와 사건 B가 사건 C와 관련해서 조건부 독립이라면 사건 C의 발생을 안다는 전제하에서 사건 B의 발생을 아는 것은 사건 A의 발생 확률을 더 정확하게 추정하는 데 도움이 되지 않는다.

종합하면 사건 A와 사건 B가 사건 C와 관련해서 조건부 독립이라면 사건 C의 발생을 안다는 전제하에서 사건 A나 사건 B 중에 하나의 발생 여부를 아는 것은 우리가 다른 사건의 발생 확률을 더 정확하게 추정하는 데 도움이 되지 않는다. 이것이 조건부 독립의 핵심 사고이다.

조건부 독립의 사례

위에서 등장한 이야기를 예로 들어보면 사건 A는 '바닐라 아이스크림 구입하는 것'이고 사건 B는 '자동차 시동이 걸리지 않는 것'이고 사건 C는 '구입 시간이 짧은 것'이다.

'시동이 걸리지 않는' 내재적인 원인은 '구입 시간이 짧은 것'이지 '바닐라 아이스크림을 구입하는 것'이 아니다. 그러니 해당 차주가 어느 때 '구입 시간이 짧은지' 안다면 바닐라 아이스크림을 구입하는 것과 상관없이 '자동차 시동이 걸리지 않을' 확률을 추정할 수 있다.

바꿔 말하자면 '구입 시간이 짧은' 사건이 발생한다는 전제하에서 '바닐라 아이스크림을 구입하는 것'을 아는 것은 '시동이 걸리지 않을' 확률을 추정하는 데 도움이 되지 않는다. '시동이 걸리지는 않는 것'과 '바닐라 아이스크림을 구입하는 것'은 '구입 시간이 짧은 것'에 관해 조건부 독립이기 때문이다.

[그림 7-1]에는 해당 예가 설명되어 있다. 사건 A는 '바닐라 아이스크림을 구입하는 것'이고 사건 B는 '자동차 시동이 걸리지 않는 것'이며 사건 C는 '구입 시간이 짧은 것'이다. 사건 A는 사건 C가 발생할 가능성을 높이고, 사건 C는 사건 B가 발생할 가능성을 높인다. 이 때문에 A, B, C의 관계는 [그림 7-1]과 같다.

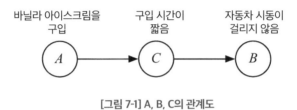

[그림 7-1] A, B, C의 관계도

통계적으로 보면 사건 A('바닐라 아이스크림 구입')와 사건 B('자동차 시동이 걸리지 않음')는 관련이 있어 보이지만(매번 바닐라 아이스크림을 구입할 때 자동차 시동이 걸리지 않았으므로) 두 사건 사이에는 사건 C('구입 시간이 짧음')가 있다. 이 구조에서 사건 A와 사건 B는 사건 C가 발생하는 상황에서 조건부 독립이다.

두 사건이 관련이 있어 보이지만 실제로는 다른 한 사건에 관한 조건부 독립인 경우는 아주 흔하다. 만약 이 점을 인식하지 못한다면 '관련성'을 '인과성'으로 오해하기 쉽다. 이에 관해 몇 가지 예를 들어보겠다.

재킷을 입는 것과 교통사고가 발생할 확률

어느 한 조사에서 런던 택시 기사들이 재킷을 입으면 교통사고 발생 확률이 대폭 증가한다는 결과가 나왔다. 해당 내용을 접한 사람들은 재킷을 입으면 운전이 불편해져서 사고 발생 확률도 높아지는 것이라고 추측했다. 그리고 이 조사 결과는 영국이 입법을 통해 택시 기사들의 재킷 착용을 금지하는 데 큰 영향을 주었다.

하지만 이후 자세한 연구를 통해서 사고 발생 확률이 높아지는 근본 원인은 재킷이 아니라 날씨라는 게 밝혀졌다. 그러니 조사 결과, 엉뚱하게도 재킷을 입은 날 교통사고 발생 확률이 높아졌다고 추측하게 된 것이었다. 결과적으로 '재킷을 입는 것'과 '교통사고 발생'은 '비가 내리는 날씨'에 관한 조건부 독립이 된다.

이 예에서 사건 A는 '재킷을 입는 것'이고 사건 B는 '교통사고 발생'이며 사건 C는 배후에 있는 공통된 원인인 '비가 내리는 날씨'이다. 이 세 사건의 관계는 [그림 7-2]와 같다.

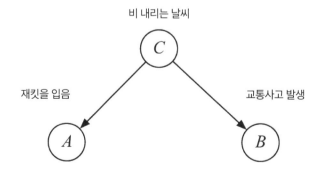

[그림 7-2] A, B, C의 관계도

'재킷을 입는 것'과 '교통사고 발생'은 통계적으로는 관련성이 있지만, 두 사건 사이에는 인과관계가 없다. 그러니 두 사건은 '비가 내리는 날씨' 사건에 관한 조건부 독립이다.

'봄바람이 불면 초목이 푸르게 자란다'는 문장의 모순

'봄바람이 불면 초목이 푸르게 자란다'라는 말에 의구심을 가질 사람은 없을 것이다. 하지만 이 말을 수학적으로 자세히 분석해 본다면 관계 없는 것들을 마치 원인과 결과처럼 엮어 놓았다는 걸 알게 된다. '봄바람이 분다'라는 사건과 '초목이 푸르게 자란다'라는 사건은 통계적으로는 관련성이 있어 보이지만, 본질적으로는 두 사건 사이에 인과관계가 없기 때문이다. 사실 이 두 사건은 또 다른 사건인 '기온 상승'에 관한 조건부 독립이다.

구체적으로 말하자면 '기온 상승'은 바람을 일으킨다. 봄에는 북반구 전체 기온이 상승하기 시작하는데 아시아 대륙은 토양이 모래와 자갈로 구성되어 있어 기온 상승이 비교적 빠르다. 반면 태평양은 물로 구성이 되어 있어 기온 상승이 비교적 느리다.

온도 상승이 비교적 빠른 지역의 지면과 가까운 공기는 가열되고, 가열된 공기는 밀도가 작아 저기압을 형성한다. 반면 기온 상승이 비교적 느린 태평양 지역은 상황이 정반대이다. 수면에 가까운 공기의 온도는 근처 다른 지역의 공기 온도보다 낮다. 이런 차가운 공기는 밀도가 크기 때문에 아래로 가라앉아 고기압을 형성한다. 고기압의 공기는 저기압 지역을 향해 이동하는데, 이에 태평양의 따뜻하고 습한 기류가 아시아 대륙으로 이동해 바람이 생기는 것이다.

이 밖에도 '기온 상승'은 식물의 눈에서 '아브시스산^{Abscisic Acid}(식물의 생장을 제어함)'이란 물질의 농도를 낮춘다. 이 때문에 봄이 되면 식물의 성장 조절 물질이 증가해 식물이 휴면 상태에서 깨어나게 되고 식물 발아 효소가 합성을 시작한다. 즉, 식물이 싹을 틔우기 시작하면서 '푸르게 자라게' 되는 것이다.

우리는 '기온 상승'이 '봄바람'을 불러일으키는 동시에 '초목을 푸르게 자라게' 한다는 것을 알 수 있다. 그러니 '봄바람'과 '초목이 푸르게 자라는 것'은 통계적으로는 관련성이 있지만, 이 두 가지 사건 사이에는 아무런 인과관계가 없다. 이 두 사건은 '기온 상승'에 관한 조건부 독립으로 [그림 7-3]에 관계도가 나타나 있다.

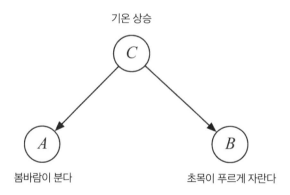

기온 상승

C

A
봄바람이 분다

B
초목이 푸르게 자란다

[그림 7-3] A, B, C의 관계도

우리 집에 불이 났을 때 이웃이 신고할 확률

만약 어느 날 집에 아무도 없을 때 가전제품의 자연 발화로 화재가 발생했다고 하자. 그러면 주변 이웃들이 화재가 발생한 것을 보고 일정 확률로 신고 전화를 할 수 있다. 하지만 이웃들은 서로에게 신고 전화를 했는지 여부를 물을 수 없다.

통계적으로 보면 두 이웃이 신고 전화를 할 확률은 관련이 있다. 한 이웃이 신고 전화를 한다면 다른 이웃도 신고 전화를 할 확률이 높다. 하지만 '집에 화재가 발생한 것'이 두 이웃이 신고 전화를 하게 된 진짜 원인이다.

이 예를 세 가지 사건으로 나눠 보면 사건 A는 '이웃 A가 신고 전화를 하는 것'이고 사건 B는 '이웃 B가 신고 전화를 하는 것'이다. 그리고 사건 C는 '집에 화재가 발생한 것'이다 이 세 가지 사건에서 '집에 화재가 발생한 사실'을 안다면 '이웃 A가 신고 전화를 할' 확률이 아주 높다고 추측할 수 있다. 하지만 '이웃 B가 신고 전화를 했다'라는 사실을 아는 것은 '이웃 A가 신고 전화를 할' 확률을 추측하는 데 도움이 되지 않는다.

바꿔 말하자면 '이웃 A가 신고 전화를 하는 것'과 '이웃 B가 신고 전화를 하는 것'은 '집에 화재가 발생한 것'과 관련된 조건부 독립이다. 이 예에서 '집에 화재가 발생한 것'은 '이웃 A가 신고 전화를 하는 것'과 '이웃 B가 신고 전화를 하는 것'의 원인이다. 이에 A, B, C의 관계는 [그림 7-4]와 같다.

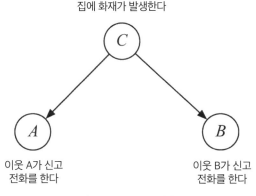

집에 화재가 발생한다

이웃 A가 신고
전화를 한다

이웃 B가 신고
전화를 한다

[그림 7-4] A, B, C의 관계도

사물을 보는 시각의 차이, ABC 이론

어떤 사건이 발생하면 사람들은 원인을 찾아 해결 방안을 마련하려 한다. 예를 들어서 자녀가 노력하지 않아 성적이 좋지 않다면 부모는 화를 내게 된다. 여기서 노력을 하지 않아 성적이 좋지 않은 것이 부모가 화를 내는 직접적인 원인이다. 이처럼 하나의 원인이 하나의 결과를 초래한다는 것은 단편적인 사고이다. 하지만 자세히 분석해 보면 앞의 추리 과정이 정확하지 않다는 것을 발견할 수 있다. 예를 들어 왜 부모는 자녀의 성적이 좋지 않은 것에 화를 낼까? 좋지 않은 성적이 부모가 화를 내는 직접적인 원인은 아닐 것이다. 사실 자식의 성적을 보고 부모가 화를 내는 데에는 부모의 인식이 영향을 미친다.

만약 성적이 아니라 성적의 배후에 숨겨져 있는 무언가가 문제의 핵심이라고 생각한다면 부모는 아이의 성적이 좋든 나쁘든 화를 내지 않을 것이다. 오히려 아이와 함께 차분하게 성적으로 드러난 문제의 핵심이 뭔지 분석할 것이다.

바꿔 말하자면 만약 부모의 인식 폭이 넓다면 아이의 성적이 어떻든 긍정적인 반응을 보이리라는 것이다. 다시 말해서 '부모의 인식 폭이 넓다'라는 것을 안다는 전제하에 '아이의 성적'을 아는 것은 '부모의 반응'을 더 정확하게 추측하는 데 도움이 되지 않는다. '아이의 성적'과 '부모의 반응'은 '부모의 인식'과 관련된 조건부 독립이다.

심리학에서는 이와 유사한 'ABC 이론'이 있다. 미국 심리학자 알버트 엘리스^{Albert Ellis}가 제시한 감정 조절법으로, 여기서 A는 사건 발생^{Activating Event}, B는 신념^{Belief}, C는 결과^{Consequence}를 뜻한다. ABC 이론은 사건 발생 A는 감정 유발과 결과 C의 간접적인 원인일 뿐이며, 결과 C의 직접적인 원인은 사건 발생 A에 대한 개인의 인식과 평가를 바탕으로 한 신념 B라는 것을 알려준다.

예를 들어서 똑같이 실연당했더라도 누군가는 꼭 나쁜 일인 것은 아니니 괜찮다고 자신을 위로하고, 또 다른 누군가는 너무 상심해서 자신은 평생 사랑을 이룰 수 없을 것이라고 비관한다. 또 예를 들어서 취업 면접을 망친 뒤 누군가는 이번 면접은 경험이었을 뿐이고 다음에 잘하면 된다고 생각하고, 누군가는 오랜 시간 열심히 준비했는데도 붙지 못했으니 다른 사람들이 자신을 멍청이로 생각할 것이라고 낙담한다. 사건 A가 발생한 것은 같지만 두 사람의 신념 B가 달라서 두 사람의 감정의 결과 C도 다른 것이다.

ABC 이론에서 사건 발생 A는 신념 B를 야기하고 신념 B는 결과 C를 야기한다. 이런 관계에서는 신념 B만 파악하면 비교적 정확하게 결과 C를 추측할 수 있다. 반면 사건 발생 A가 무엇인지 아는 것은 결과 C의 발생 확률을 추측하는 데 도움이 되지 않는다. 수학적으로 보면 사건 발생 A와 결과 C는 신념 B에 관한 조건부 독립이다.

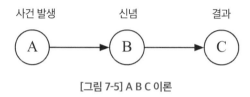

[그림 7-5] A B C 이론

세상을 깨우치는 수학

고대 그리스 스토아학파의 철학자 에픽테토스^{Epictetus}는 "인간은 사물 자체에 영향을 받는 게 아니라 사물을 바라보는 자신의 관점에 의해 좌우된다"라고 말했다.

쇼펜하우어^{Arthur Schopenhauer}도 "사물에 대한 말의 의미가 우리를 행복하게도 하고 불행하게도 한다. 이것은 우리가 그것들을 어떻게 바라보는지를 결정할 뿐 사물 본래의 모습을 결정하지는 않는다"라고 말했다.

사실 주변에는 두 가지의 관련되어 보이는 사건이 실제로는 또 다른 사건에 관한 조건부 독립인 경우가 많다. 그러니 우리가 배후에 있는 '또 다른 사건'을 파헤치지 않는다면 '관련성'을 '인과성'으로 쉽게 오해하게 된다.

공기청정기와
칼만 필터

어느 날 SNS에 특정 브랜드의 공기청정기에 관한 글이 올라왔다. 글을 올린 사용자는 필터 비닐을 제거하지 않고 해당 브랜드 공기청정기를 가동했다. 필터 비닐이 제거되지 않았으니 공기 정화가 될 수 없을 텐데도 얼마 뒤에 공기청정기 상태 등은 공기 질의 나쁨을 나타내는 빨간색에서 좋음을 나타내는 초록색으로 변했다. 비교적 권위 있는 매체가 테스트해 본 결과도 같았다. 필터 비닐을 제거하지 않은 상태에서 해당 공기청정기를 작동시키자 공기의 상태를 나타내는 화면이 오염물질 농도가 점차 낮아진다고 표시했다.

해당 사실이 알려지자 온라인에 많은 게시물이 올라왔다. 모두 해당 브랜드의 공기청정기가 검측한 PM2.5 데이터가 실제 공기 질을 제대로 반영하지 못한다는 내용이었다. 일순간 사람들은 해당 브랜드가 소비자를 기만했다고 분노하며 공기청정기의 성능에 의문을 제기했다. 그러자 해당 브랜드는 필터에 비닐을 제거하지 않아도 센서가 검측하는 공기질량에 입자가 침전되거나 공기의 흐름으로 인해 변화가 발생할 수 있다는 답변을 내놓았다.

하지만 이런 답변은 얼마 지나지 않아 삭제되었다. 해당 브랜드의 한 책임자는 기자와의 인터뷰에서 답변을 삭제한 이유는 너무 기술적인 내용이 담겨 있어 사용자들이 이해하기 어려울 것 같아서라고 밝혔다. 하지만 동시에 그는 논란이 된 공기청정기에는 품질상 아무런 문제가 없다고 강조했다.

이후 상황이 반전되었다. 많은 네티즌과 일부 권위를 가진 기관에서 첨단 PM2.5 측정기를 가지고 해당 브랜드 공기청정기의 정화 효과를 테스트한 것이다. 테스트 결과 필터 비닐을 제거한 뒤 가동하면 해당 공기청정기의 정화 성능이 상당히 높은 것으로 나타났다.

이 일련의 과정을 살펴본 여러분은 어떤 생각이 드는가? 이와 같은 과정을 통해 다음과 같은 객관적인 결론을 얻을 수 있다. **해당 브랜드의 공기청정기는 정화 방면에서는 효과가 분명히 있지만, 그 효과를 나타내는 방면에서는 문제가 있었다.** 온라인에서 찾을 수 있는 관련 글들도 이와 기본적으로 일치하는 관점을 가지고 있다. 하지만 문제를 깊이 파고든 경우는 드물었다.

우리는 여기서 해당 브랜드의 공기청정기에서 이와 같은 문제가 발생한 이유를 깊이 파헤쳐볼 생각이다. 사건의 핵심은 단 하나이다. 바로 해당 브랜드의 공기청정기가 '공기 질을 어떻게 측정하고 계산하는가'라는 것이다.

비닐 덮인 공기청정기 필터의 작동 원리

일반적으로 사람들은 단순하게 공기청정기에 부착된 센서가 측정한 대로 공기 질이 표시된다고 알고 있다. 이 점에 대해서는 잠시 논의를 멈추고 일단 PM2.5의 농도를 측정하는 방법에 대해 다뤄보겠다.

공기에는 다양한 종류의 크고 작은 입자가 떠다니고 있는데, PM2.5는 그중에서 비교적 작은 입자에 속한다. 그러니 PM2.5 농도를 측정하기 위해서는 두 단계의 조작이 필요하다. 첫 번째 단계는 PM2.5와 비교적 큰 입자를 분리하고, 두 번째 단계는 분리해낸 PM2.5의 중량을 측정하는 것이다.

현재 각국 환경부가 채택하고 있는 PM2.5 측정 방법으로는 세 종류가 있다. 바로 중량법, β선 흡수법, TEOM^{Tapered Element Oscillating} Microbalance이다. 이 세 가지 방법은 측정 결과가 비교적 정확해서 검측 기준으로 받아들여지고 있지만, 테스트에 필요한 설비의 비용이 너무 비싸다는 문제가 있다. 그래서 공기청정기나 휴대용 소형 PM2.5 측정기 등 일반 가전에서는 이 세 가지 측정 방법이 아닌 광산란법을 사용하고 있다. 광산란법은 공기 중에 입자의 농도가 높을수록 빛의 산란 상황도 좋다는 원리를 사용한 방법이다.

공기 안에 빛의 산란 상황을 직접 측정하면 이론상 입자의 농도를 계산해낼 수 있다. 이 방법은 간단하고 저렴하지만, 검측 기준으로 받아들여지는 세 가지 방법들에 비해 정확도가 떨어진다. 빛의 산란 상황과 입자의 농도 사이의 관계는 입자의 화학 구성, 형태, 비중 등의 요소에 방해를 받아 오차가 발생할 수 있기 때문이다. 한 연구자가 이론적으로 계산해 본 결과 광산란법을 사용해 PM2.5를 측정할 경우 오차가 30%~40%에 달하는 것으로 나타났다.

이와 같은 분석을 통해 우리는 해당 브랜드의 공기청정기가 정확하지 않았던 원인을 찾을 수 있다. 바로 해당 브랜드 공기청정기가 채택한 광산란법의 측정 결과가 정확하지 않았기 때문에 해당 브랜드의 공기청정기에 표시된 공기 질도 실제 상황과 달랐던 것이다.

하지만 이 결론은 필터 비닐을 벗기지 않은 채 가동했는데도 가동 시간이 증가할수록 상태 등에 공기 중 오염물질의 농도가 낮아지는 것으로 나타난 이유를 설명해 주지는 못한다. 필터에 비닐이 제거되지 않으면 공기를 정화할 수 없으니 공기 질에도 변화가 없는 것이다. 그러니 단순히 측정 방법이 정확하지 않기 때문이라고 말하기에는 무리가 있다. 오차 때문이라면 해당 브랜드에 측정된 PM2.5 수치는 [그림 8-1a]에서처럼 일정 수치 안에서 움직여야지 [그림 8-1b]처럼 가동 시간이 증가할수록 내려가서는 안 된다.

필터 비닐이 제거되지 않은 상황에서 [그림 8-1b]와 같은 현상이 벌어지는 것은 마치 어떤 '신비한 힘'이 해당 브랜드의 공기청정기의 PM2.5 수치를 하락시킨 것 같다. 그 '신비한 힘'은 바로 알고리즘이다.

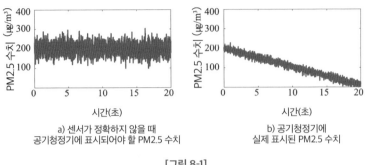

a) 센서가 정확하지 않을 때
공기청정기에 표시되어야 할 PM2.5 수치

b) 공기청정기에
실제 표시된 PM2.5 수치

[그림 8-1]

해당 브랜드의 공기청정기가 수치를 표시하는데 어떤 알고리즘을 사용했는지는 정확하게 알 수 없다. 하지만 상술한 정보에 근거해 보면 공기청정기에 표시된 공기 질은 센서가 실시간 측정한 공기 질뿐만 아니라 공기청정기의 가동 시간, 바람의 세기 등의 요소에도 영향을 받는다는 것을 거의 99% 확신할 수 있다. 간단하게 말하자면 **최종적으로 표시된 공기 질은 센서의 측정 상황과 공기청정기의 가동 상태를 종합해서 나온 결론이다.**

구체적으로 설명하자면 해당 브랜드의 공기청정기는 센서가 측정한 공기 질을 실시간으로 수집하면서 한편으로는 가동 시간과 바람의 세기에 근거해 센서의 수치를 수정했다. 즉, 가동 시간이 길수록, 바람의 세기가 클수록 센서가 측정한 PM2.5 수치가 더 많이 내려가도록 하는 알고리즘을 사용하고 있는 것이다. 이것이 필터의 비닐을 벗기지 않은 채 가동했는데도 시간이 지날수록 PM2.5 수치가 내려가는 것으로 표시된 이유이다.

이 사실을 알게 된 사람들은 대부분은 해당 브랜드가 소비자를 기만하는 알고리즘을 사용했다고 생각할 것이다. 하지만 곰곰이 생각해 보면 정상적인 상황(필터 비닐을 제거한)에서 해당 알고리즘을 사용해 얻은 데이터가 센서 측정 결과로만 얻은 데이터보다 훨씬 더 정확하다는 것을 알 수 있다. 그 이유는 해당 브랜드의 공기청정기 센서의 오차가 상당히 큰데다가(30%~40%의 오차를 가지고 있다.) 각종 요소를 종합한 알고리즘으로 공기 질을 추측할 수 있기 때문이다. 그러니 센서가 실시간 검측한 결과와 알고리즘에 따라 추측해낸 결과를 종합한다면 센서로만 얻은 결과보다 훨씬 정확한 데이터를 얻을 수 있다. 현재 측정한 결과와 알고리즘에 따라 추측해낸 결과를 효과적으로 종합하는 것이 바로 칼만 필터의 '핵심 사고'이다.

깔끔하고 정제된 결과를 도출하는 칼만 필터

로봇공학Robot Engineering, 사이버네틱스Cybernetics, 항공우주공학 Aerospace Engineering 방면을 연구하는 사람이라면 칼만 필터 알고리즘을 들어봤을 것이다. 칼만 필터는 개발자 루돌프 칼만Rudolf E. Kalman의 이름을 딴 것으로 이미 우주선, 미사일, 항공기 등 방면의 항법과 위치 측정에 널리 사용되고 있다.

가장 유명한 응용 사례로는 아폴로 11호의 항법 시스템에서 칼만 필터를 사용해 우주선의 위치를 추정해낸 경우이다. 당시 컴퓨터는 회전의, 가속도계, 레이더 등 센서에서 초기 측정값을 얻었는데, 이러한 데이터에는 무작위 오류와 처리하기 어려운 오차 등 고유 잡음이 많았다. 아폴로 11호가 달 표면을 향할 때 이런 오류는 치명적일 수 있었다.

칼만 필터 알고리즘은 이런 잡음이 가득한 측정 데이터에서 아폴로 11호의 위치와 속도 등 핵심 변수를 추정해냈다. 닐 암스트롱Neil Alden Armstrong이 소프트웨어 프로그램으로 아폴로 11호를 통제해 달 표면에 착륙했을 때 칼만 필터는 중요한 역할을 발휘했다.

당시 녹음테이프에는 닐 암스트롱이 달에 발을 내디딜 때 버즈 올드린(Buzz Aldrin: 닐 암스트롱 다음으로 달에 착륙한 우주비행사이다. 아폴로 11호를 함께 통제하기도 했다)이 칼만 필터를 사용해 위치를 추정하는 소리가 담겨 있다.

칼만 필터의 원리를 예를 들어 설명해 보도록 하겠다. 만약 우리가 사막 한가운데서 운전한다면 자신의 위치를 어떻게 알 수 있을까? 가장 먼저 GPS를 떠올릴 것이다. GPS는 여러 위성과 자동차의 거리를 측정해 자동차의 위치를 실시간으로 제공해 준다. 하지만 민간 GPS의 처리되지 않은 원시정보Raw Information에는 비교적 큰 잡음이 있어 GPS를 사용해 위치를 측정하면 수십 미터의 오차가 발생하기도 한다.

그렇다면 우리가 위치를 파악하는 데 도움을 주는 다른 정보는 없을까? 물론 있다. 자동차의 운동 정보이다. 모든 자동차에는 속도 센서, 가속도 센서가 부착되어 있는데, 이를 통해서 자동차의 속도, 가속도 정도와 방향을 알 수 있다. 이런 정보는 위치 측정의 정확도를 높여줄 수 있다. 예를 들어 우리가 자동차의 이전 위치를 안다면 GPS를 사용해 직접 측정하지 않아도 자동차 속도와 가속도에 근거해 현재 위치를 추측할 수 있다. 칼만 필터는 우리에게 이론 방면에서 가장 최적의 방법을 알려준다. 두 가지 정보를 융합해서 이론상으로 증명해낸 위치가 단순히 GPS를 사용해 측정한 위치보다 더 정확하다는 것이다.

칼만 필터는 어떤 측정을 바탕으로 추정해내는 데 목적이 있다. 그래서 이 측정을 칼만 필터에서는 '상태'라고 부른다. 상태에 대한 추정을 얻기 위해서 칼만 필터는 두 가지 정보를 이용한다. 하나는 상태가 변화하는 '규칙'이고 두 번째는 '관측'이다. 그중에는 두 가지 방정식이 포함되는 데 하나는 '상태방정식'이고 다른 하나는 '관측방정식'이다. 상태방정식은 상태의 변화 규칙을 설명하고, 관측방정식은 상태와 관측 사이의 관계를 설명한다. 칼만 필터는 매 순간의 상태를 추정해낼 때 이 두 가지 정보를 결합한다. 칼만 필터는 상태방정식을 통해서도 현재의 상태를 추측해낼 수 있고, 관측방정식을 통해서도 현재의 상태를 추측해낼 수 있다. 그리고 이렇게 얻은 두 가지 정보를 결합해서 최종 상태에 대한 추정을 얻는다.

그렇다면 두 가지 정보는 어떻게 결합할까? 방법은 아주 간단하다. 정보의 정확도를 근거로 하면 된다. 만약 상태 자체의 변화 법칙을 설명하는 상태방정식이 매우 정확하다면 상태방정식에서 얻은 추측을 신뢰할 근거가 생기게 된다. 그러면 해당 추측의 비중이 커지고, 관측으로 얻은 추측의 비중은 작아지게 된다. 반대로 관측이 정확하다면 관측방정식으로 얻은 추측의 비중이 커지게 된다. 이것이 칼만 필터의 핵심 사고이다.

아마 누군가는 여기서 어떤 측정을 바탕으로 추측해내는 알고리즘인 칼만 필터에 필터라는 명칭이 붙는 이유가 궁금할 것이다. 사실 필터는 정보 처리 영역에서의 개념이다. 일반적으로 필터는 정보에 있는 잡음을 제거한 뒤 깨끗한 정보를 내보낸다. [그림 8-2]에는 필터의 효과가 나타나 있다.

[그림 8-2] 필터의 효과

칼만 필터에 필터라는 명칭이 붙는 이유는 결과적으로 봤을 때 잡음을 제거하기 때문이다. 칼만 필터는 상태 자체의 변화 규칙을 결합하므로 변화 규칙이 일반적으로 고르다.

자동차 위치를 측정할 때 위치 센서(예를 들어 GPS)에 잡음이 크다면 단순히 위치 센서만 이용해 얻은 자동차의 궤적은 잡음이 상당히 클 것이다. 반면 자동차의 속도, 가속도에 근거해 추측해낸 자동차의 궤적은 상대적으로 고르다. 그래서 이 두 가지 정보를 융합해서 얻은 자동차 궤적은 위치 센서만 사용해 얻은 궤적보다 훨씬 안정적이다. 이것이 칼만 필터에 '필터'란 명칭이 붙은 이유이다.

칼만 필터의 핵심 사고는 센서를 통해 얻은 실시간 관측 정보와 상태 자체의 변화 규칙 정보를 이용해 종합적인 추정을 진행한다는 것이다. 이런 사고는 일상 어디에서나 볼 수 있다. 예를 들어서 산후 도우미나 육아 경험이 있는 사람은 아직 말을 하지 못하는 유아가 배가 고픈지 아닌지를 정확하게 판단해낼 수 있는데, 여기에도 칼만 필터의 사고가 담겨 있다.

첫 번째 정보는 당시 상황에 대한 관측이다. 아기의 표정, 울음의 방식과 정도를 통해서 배가 고픈지 아닌지를 판단해낼 수 있다. 예를 들어서 아기가 심하게 우는 모습을 보고 배고플 가능성이 크다고 판단해낸다면 **관측방정식을 이용한 것**이다.

두 번째 정보는 수유 시간 및 아기의 포만감 변화 규칙을 근거로 추정을 진행하는 것이다. 한마디로 말해서 수유를 마친 직후에는 배가 부르지만, 시간이 지날수록 배고픔의 정도가 서서히 심해지고, 이때 다시 수유를 하면 배가 부르게 된다. 이것은 **상태방정식을 이용한 것**이다.

이 두 가지 정보를 결합하면 더 정확한 판단을 내릴 수 있다. 예를 들어서 아기가 우는 소리가 배고플 때와 비슷하더라도 방금 수유를 했다면 배고플 확률은 비교적 낮다.

또 시끌벅적한 시장에서 상대방의 목소리가 제대로 들리지 않아도 우리는 상대방이 뭘 말하는지 이해할 수 있는데, 이것도 칼만 필터의 사고를 이용한 것이다.

여기서 우리는 두 가지 방면의 정보를 활용할 수 있다. 그중 하나는 센서(귀)로 상대방의 말을 포착해 얻은 정보이다. 주의할 점은 시장이 시끌벅적한 환경이라 잡음이 크다는 것이다. 그러므로 이렇게 얻은 정보만으로는 상대방의 말을 완벽하게 파악하기 어렵다.

그런데도 우리가 상대방의 말을 이해할 수 있는 이유는 또 다른 정보를 동시에 이용하기 때문이다. 여기서 또 다른 정보는 바로 앞뒤 문맥에 담긴 정보이다. 앞의 단어나 문장을 알아들었을 때 우리는 다음에 이어질 단어나 문장의 의미를 추측할 수 있다. 예를 들어 만약 상대방이 "이 채소는….”이라고 물었다면 뒷말을 듣지 못했어도 앞뒤 문맥에 담긴 정보를 통해 뒤에 이어지는 말이 "얼마예요?”일 것으로 추론해 보는 등 문장을 알아맞힐 확률이 높다.

세상을 깨우치는 수학

칼만 필터는 두 가지 서로 다른 정보인 사물 자체의 변화 규칙과 실시간 관측 상황을 결합해 효과적으로 최종 상태를 추정해낼 수 있다. 이렇게 서로 다른 정보를 결합하는 관점은 실제 생활에서도 많이 응용되어 우리가 더 정확한 판단을 내리는 데 도움을 주고 있다.

PART 2
방법 편

난제를 해결하는
전략과 기교

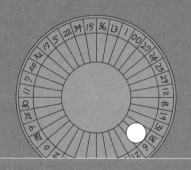

다다익선 양성 피드백 VS
설상가상 음성 피드백

달릴수록 체력이 좋아지는 조깅의 효과

어느 날 동료와 함께 조깅을 하게 되었는데 평소 운동을 하지 않았던 탓에 숨이 가빠져서 도저히 따라갈 수가 없었다. 내가 가쁜 숨을 몰아쉬며 평소 몇 바퀴나 달리냐고 묻자, 동료는 대략 30바퀴라고 대답했다. 내가 놀라서 "나는 10바퀴만 뛰어도 이렇게 힘든데 30바퀴를 어떻게 뛰는 거야?"라고 물었다.

"지금보다 20㎏ 더 뚱뚱했던 작년 이맘때는 8바퀴만 뛰어도 숨이 차서 더는 달릴 수가 없었어. 하지만 꾸준히 하니까 체력이 좋아지고 체중이 줄더라고. 꾸준히만 하면 점점 더 오래 뛸 수 있게 돼."

모두 눈치챘는지 모르겠지만 동료의 조깅 경험이 바로 양성 피드백이다. 처음에는 뚱뚱하고 체력도 좋지 않아서 8바퀴밖에 뛰지 못했지만, 꾸준히 하면서 체력이 좋아지고 체중은 줄어서 더 멀리 뛸 수 있게 되었다. 그러자 체력이 더욱더 좋아지고 체중도 더 많이 줄게 된 것이다. 이것이 동료가 현재 30바퀴를 뛸 수 있는 이유이다.

삶의 균형을 맞추는 제어 시스템과 피드백

피드백은 제어 시스템에서 가장 기본 개념이다. 그러니 피드백을
정확하게 설명하기 위해서는 먼저 제어 시스템에 대해 다뤄야 한다.

[그림 1-1]은 단순한 제어 시스템을 설명한 것이다. 일반적으로
제어 시스템은 앞부분의 '제어기'와 뒷부분의 '제어 대상'을 포괄한
다. 제어기 앞에 '입력'이 있는데, 입력은 일반적으로 사전의 어떤 목
표(또는 기대)이다. 제어기는 어떤 전략을 통해서 '제어 대상'을 제어
해 '응답'이 사전의 목표인 입력과 일치되게 한다.

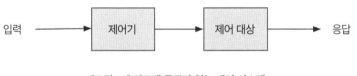

[그림 1-1] 피드백 통로가 없는 제어 시스템

예를 들어서 손을 뻗어 탁자에 놓여 있는 휴대폰을 쥐는 단순한
과정에도 제어 시스템의 역할이 발휘된다. 이 제어 시스템에서 두뇌
는 '제어기'이고 손(팔과 손가락)은 '제어 대상'이며 '입력'은 휴대폰의
위치이다. '제어기'(두뇌)는 '제어 대상'(손)을 지휘해 제어 대상의 '응
답'(손의 위치)이 목표(휴대폰의 위치)까지 도달하게 한다.

실제 생활에서 [그림 1-1]과 같이 단순한 제어 시스템은 흔치 않

고 대부분은 피드백 통로가 존재한다. [그림 1-2]에는 피드백 통로가 있는 제어 시스템이 표현되어 있다. 이처럼 제어 대상의 응답은 피드백 통로를 거쳐 '피드백'으로 만들어지고, 이렇게 얻은 피드백은 '입력'과 함께 제어기에 입력된다.

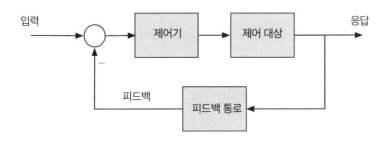

[그림 1-2] 피드백 통로를 가진 제어 시스템

[그림 1-3]에는 손을 뻗어 휴대폰을 쥐는 예가 설명되어 있다. 휴대폰을 쥐는 과정에서 눈은 계속 손의 위치를 관찰한다. 그러니 눈은 피드백 통로이고 제어 시스템에서 눈의 '응답'(손의 현재 위치)은 '피드백'이 되어 '두뇌'에 전송된다. 여기서 더 구체적으로 다뤄보면 두뇌는 '입력'(휴대폰의 위치)과 실시간으로 이뤄지는 '피드백'(손의 위치)을 바탕으로 거리를 파악해 손의 동작을 제어한다.

처음에는 휴대폰의 위치와 손의 위치가 멀리 떨어져 있으므로 두뇌는 손이 빠른 속도로 뻗게 하면서 동시에 계속해서 거리를 측정한다. 그리고 거리가 점차 가까워지면 손을 뻗는 속도를 서서히 줄이다가 휴대폰이 있는 위치에 도달하면 멈추게 제어한다.

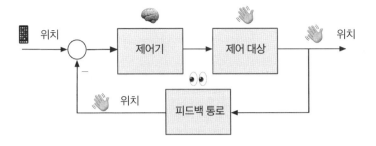

[그림 1-3] 피드백 통로를 가진 제어 시스템(휴대폰을 쥐는 과정)

[그림 1-1]의 피드백 통로가 없는 시스템과 [그림 1-2]의 피드백 통로가 있는 시스템을 비교하면 피드백의 역할을 이해할 수 있다.

시스템이 피드백을 받을 수 없다면 시작부터 제어 대상이 기대 응답을 만들어내기까지 모든 과정에서 제어기는 제어 대상의 응답 상황에 대한 정보를 받을 수 없다. 그러니 이 경우 제어기는 시작할 때부터 완벽한 제어 방법을 설계해 제어 대상을 통제해야 한다. 이 경우 제어 대상이 목표에 도달하기 위해서는 제어기가 기대를 완벽하게 진행하고 그 과정에서 어떤 방해도 발생하지 않아야 한다. 제어 과정에서 어떤 외부 간섭이나 제어 대상에 어떤 변화가 생긴다면 마지막 결과는 기대와 부합하지 않게 된다.

손을 뻗어서 휴대폰을 쥐는 예로 설명해 보자면 피드백이 없는 시스템의 경우 휴대폰의 위치를 눈으로 한 번 확인한 뒤 눈을 감은 상태에서 손을 뻗어 휴대폰을 쥐는 것과 같다. 이 경우 휴대폰의 위치를 파악하고 있고, 두뇌가 손의 근육을 통제하는 전략을 구상하고 있다고 해도 손을 뻗는 과정에서 약간의 외부 간섭이 있거나 근육 통제에 편차가 있다면 휴대폰을 쥘 수 없다. 반면 피드백이 존재하는 시스템에서는 눈으로 시시각각 손의 위치를 감독할 수 있고 휴대폰 위치에 근거해 손의 위치를 계속 조정할 수 있다. 그래서 근육 통제에 편차가 출현하거나 손을 떨어도 상관없다. 피드백을 받아 수시로 조정을 할 수 있으므로 순조롭게 휴대폰을 쥘 수 있다.

이것이 피드백의 역할 중 하나이다. 피드백은 시스템이 결함 허용 Fault Tolerance**과 강인성**Robustness**을 갖게 한다. 피드백을 운용하면 사전 설계를 정확하게 할 필요가 없다. 그저 시시각각 실제 상황을 관찰하며 실제 상황과 목표의 편차를 조정한다면 목표에 도달할 수 있다.**

이처럼 피드백은 시스템이 사전에 설정한 목표를 실현하도록 도움을 줄 뿐만 아니라 시스템이 목표를 달성한 뒤 외부 간섭을 받을 때 다시 안정적인 상태를 회복할 수 있도록 도움을 준다. 예를 들어 외부 온도가 어떠하든 인간의 체온이 항상 37°C 정도를 유지하는 것처럼 말이다. 원리를 살펴보면 인체에는 피드백 기능을 가진 온도 조절 시스템이 있고 해당 시스템에 입력된 이상적인 온도가 37°C라고 이해해볼 수 있다. 예를 들어 온도가 아주 높은 방에 들어갔다고 해 보자. 그럼 체온이 외부 환경에 간섭받게 되어 피부 온도가 상승한다. 피부는 이런 피드백을 제어기인 두뇌에 입력하고 두뇌는 '입력'(이상적인 온도 37°C)과 '피드백'(실제 온도) 사이의 편차를 근거로 일련의 조치를 실행한다. 예를 들어서 피부 땀샘에서 땀을 배출해 땀의 증발로 열기를 식히거나 피부 혈관을 팽창시켜 피부에 혈액이 대량으로 흘러 들어가 체내 온도를 낮게 한다. 이와 같은 '응답'을 거치면 체온은 항상 37°C 정도를 유지할 수 있다. 추운 얼음 창고에 들어갔을 때도 마찬가지다. 신체는 비슷한 과정을 거쳐 체온을 37°C 정도로 유지한다. 일반적으로 응답의 정도는 '입력'과 '피드백' 사이의 편차로 결정된다. 편차가 클수록 응답도 커지는 것이다.

대자연 역시 피드백의 도움을 받아 생태 균형을 조절한다. 예를 들어서 대초원에 녹지와 토끼가 균형 상태에 있다면 녹지와 토끼의 수량은 안정적인 상태를 유지한다. 이것은 대자연이 상응하는 피드백 시스템으로 안정적인 상태를 유지하는 것이다. 예를 들어서 어느 해에 기후가 좋고 강수량이 풍부해 녹지의 수량이 증가했다고 해 보자. 그럼 토끼가 먹을 먹이가 풍족해지므로 더 많은 토끼가 태어나 더 많은 녹지를 먹게 되고, 자연히 녹지의 수량이 줄어들게 된다. 이렇게 녹지의 수량이 줄어들면 먹이가 줄어든 토끼의 개체수가 감소하고, 토끼의 개체수가 감소하면 녹지가 받은 압력이 줄게 되므로 녹지의 수량이 자연히 회복되어 생태 균형 상태가 유지된다.

손을 뻗어 휴대폰을 쥐는 경우, 체온을 조절하는 경우, 생태 균형을 조절하는 경우에서 사용된 피드백은 **'음성 피드백'**에 속한다. 음성 피드백이란 목표(입력)와 현실(피드백)의 편차가 제어기의 입력이 되는 것을 말한다. 현재 목표와 현실의 편차가 클수록 제어기의 입력이 커지고 제어력도 커진다. 반대로 현재 목표와 현실의 편차가 작을수록 제어기의 입력도 작아지고 제어력도 작아진다. 이렇게 반복적인 조절로 마지막에 시스템의 응답이 목표를 만족하게 된다. 이처럼 **목표와 현실의 편차를 구동력으로 삼는 것이 음성 피드백의 핵심이다.**

구동력을 어떻게 이용할지는 제어 시스템마다 각기 다른 전략이 있다. 다만 그중에서 가장 흔히 응용되는 전략은 PID 제어^{Proportional Integral Derivative Control}(비례·적분·미분 제어)이다. 예를 들어 조깅을 해서 체중을 줄이려 한다고 해 보자. 먼저 목표 체중을 65㎏으로 정하고 매일 체중을 측정해 피드백한다. 그리고 목표 체중과 현재 체중의 차이를 비례계수로 곱해 나온 결과에 근거해 당일 몇 바퀴를 달릴지 정한다. 예를 들어서 현재 체중이 85㎏이라면 목표 체중 65㎏과 20㎏ 차이가 난다. 만약 비례계수를 0.5로 설정한다면 당일 달려야 하는 바퀴는 다음과 같다.

$$0.5 \times (85 - 65) = 10(바퀴)$$

그리고 만약 어느 날 체중이 75㎏으로 줄어든다면 이때는 5바퀴를 돌면 된다. 목표와 현실의 편차를 비례계수에 곱해 나온 결과를 제어기에 입력하는 것을 '비례 제어^{Proportional Control}'라고 한다. 비례 제어는 일상에서 가장 널리 사용되는 제어이다.

예를 들어서 집중력을 높이기 위해 커피를 마실 때는 머릿속이 맑아지기를 바라는 기대감이 있다. 그래서 실제 상태와 기대하는 상태 사이의 편차가 어느 정도인지 안다면 편차를 바탕으로 커피를 어느 정도 마실지 결정해 실제 상태가 기대하는 수준에 이르도록 할 수 있다. 내가 커피를 마시는 양이 나의 실제 상태와 기대하는 상태 사이의 편차와 정비례한다면 차이가 클수록 커피를 마시는 양도 많아지게 되고, 적을수록 마시는 양도 줄어들게 된다.

또 우리가 샤워할 때 온수 밸브를 돌려서 수온을 조절하는 행위에도 비례 제어가 응용된다. 먼저 알맞다고 느끼는 기대 수온이 있을 경우, 현재 수온이 기대 수온보다 낮다면 온수 밸브를 더 많이 돌린다. 실제 수온과 기대 수온의 편차가 클수록 온수 밸브를 더 많이 돌리게 되고, 반대로 편차가 작을수록 온수 밸브를 적게 돌리게 된다.

하지만 비례 제어에도 단점이 있다. 조깅으로 다이어트를 하는 경우, 체중을 66kg까지 감량했다고 해 보자. 그럼 반 바퀴만 달리면 된다. 만일 반 바퀴 달리는 운동량으로는 다이어트 효과가 없다면 영원히 설정한 목표 체중인 65kg에 도달하지 못하게 된다. 이것이 비례 제어가 가진 단점이다. 즉, 목표와 현실의 편차가 크지 않으면 동력 부족 상황이 나타날 수 있다.

그렇다면 이 경우 어떻게 해야 할까? 다시 조깅을 예로 들어 설명하자면 효과적인 방법은 과거 일정 시간(예를 들어 1주) 동안 목표 체중과 실제 체중의 편차를 모두 합해 현재 운동량을 정하는 기준으로 삼는 것이다. 예를 들어서 만약 지난주 계속해서 체중 66kg을 유지했다면 1주일 동안 매일 측정한 실제 체중과 목표 체중의 편차는 1kg이니 1주일 누적 편차는 7kg이 된다. 앞에서처럼 비례계수를 0.5로 설정해 누적 편차를 곱할 경우 이번 주 첫째 날 운동량은 다음과 같다.

$$0.5 \times 7 = 3.5 (바퀴)$$

이처럼 과거 일정 시간의 누적 편차를 기준으로 전략을 설정하는 것은 '적분 제어Integral Control'의 핵심 사고이다. **즉, 비례 제어는 현재의 편차를 고려하고 적분 제어는 과거 일정 시간의 누적된 편차를 고려하는 것**을 알 수 있다. 많은 상황에서 이 두 종류의 전략은 함께 사용되는데, 이러한 제어 전략을 '비례 적분 제어Proportional Integral Control'라고 한다. 하지만 비례 적분 제어에도 단점이 있다. 효과적인 제어는 미래의 추세를 고려할 수 있어야 한다. 다시 조깅을 예로 들어보자. 비례 제어로 계산해 얻은 바퀴 수에 따라 매일 운동하는데 최근 들어 체중 감소 속도가 지나치게 빠르다고 해 보자. 이때는 체중이 지나치게 많이 빠지고 난 뒤에 비례 제어를 통해 운동량을 줄이기보다는 추세를 고려해 즉시 운동량을 줄여야 한다.

마찬가지로 현재 운동량으로 체중이 약간 늘어난다면 체중이 많이 늘어난 뒤에 비례 제어를 통해 운동량을 증가하기보다는 추세에 따라 빠르게 운동량을 늘려야 한다. 이렇게 미래의 추세를 고려해 제어량을 미리 조정하는 방법이 '미분 제어differential control'의 핵심이다. 종합하면 **비례 제어는 현재를 중시하고 적분 제어는 과거를 총**

결하며 **미분 제어는 미래를 판단한다**고 할 수 있다. 이러한 비례, 적분, 미분의 제어 전략을 결합하면 대다수 상황에서 목표를 더 잘 실현할 수 있는데 이것이 바로 PID 제어이다.

양성 피드백

앞에서 우리는 피드백 중 음성 피드백에 대해 다루면서 음성 피드백의 역할과 음성 피드백으로 시스템을 안정적으로 바꿀 수 있다는 것을 알게 되었다. 음성 피드백은 입력이 너무 많으면 일부를 제거하고 입력이 너무 적으면 일부를 보충할 수 있다. 이 외에도 제어 시스템에는 다른 피드백이 존재하는 데 바로 '양성 피드백'이다. 여기서 '양성'은 '적극적'이거나 '밝음'을 의미하는 게 아니라 '강화, 증가'를 의미한다. 앞에서 소개한 음성 피드백 시스템은 입력과 피드백의 편차를 제어기에 입력하지만, 양성 피드백 시스템은 입력과 피드백의 합을 제어기에 입력한다. [그림 1-4]는 양성 피드백 시스템을 표현한 것으로 시스템에서 '+'부호를 주의 깊게 보길 바란다.

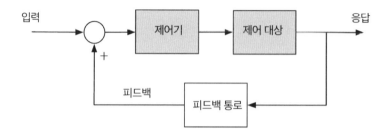

[그림 1-4] 양성 피드백 통로를 지닌 제어 시스템

시스템에 양성 피드백 회로가 존재할 때 피드백이 클수록 제어기의 입력도 커지고 제어 대상의 응답도 커져 생성되는 피드백도 커진다는 것을 파악할 수 있다. 그래서 양성 피드백 회로를 양성 되먹임 고리Positive Feedback Loop라고 부르는데 '눈덩이가 굴러가는 것'처럼 계속 커져서 기존의 발전 추세를 강화하고 스스로를 강화한다.

양성 피드백의 사례 중 비교적 잘 알려진 것은 연쇄 반응이다. 핵분열에서 양성 피드백은 연쇄 반응을 만들어낸다. 1개의 중성자를 우라늄 원자핵과 충돌시키면 원자핵이 분열되어 3개의 중성자가 만들어지고, 3개의 중성자를 우라늄 원자핵과 충돌시키면 9개의 중성자가 만들어지고, 9개의 중성자를 우라늄 원자핵과 충돌시키면 27개의 중성자가 만들어져 거대한 에너지가 만들어진다.

제어 시스템은 양성 피드백의 영향을 받기 쉬운데, 이런 양성 피드백 회로는 시스템 붕괴를 초래할 수 있다. 일상에서 양성 피드백은 긍정적인 면과 부정적인 면을 모두 가지고 있다. 악순환이 되면 고삐 풀린 야생마처럼 통제할 수 없이 거대한 손해를 초래하거나 심지어 궤멸을 불러올 수 있지만, 선순환이 되면 빠른 발전을 이루게 한다. 먼저 양성 피드백의 나쁜 예를 살펴보자.

양성 피드백의 나쁜 사례

멀티미디어 교실이나 극장과 같이 음향 방송 설비가 있는 곳에서는 종종 소음이 출현한다. 이런 소음은 양성 피드백으로 생겨난 것이라 할 수 있다. 사람의 목소리는 확성기를 거쳐 스피커에서 나오게 되고, 이렇게 커진 소리가 다시 마이크에 들어가 더 커진다. 그리고 그 소리가 다시 스피커에서 나와 다시 마이크로 들어가며 계속 커진다. 이렇게 양성 피드백에 의해 소리가 끊임없이 커지게 되면 귀를 자극하는 시끄러운 소음이 만들어진다[그림 1-5].

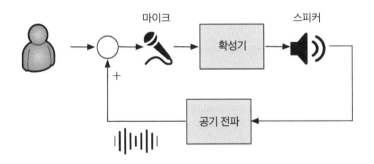

[그림 1-5] 소음이 만들어지는 원리

자연생태계에서도 나쁜 양성 피드백을 볼 수 있다. 예를 들어 호수가 심각하게 오염되어 자연의 회복 능력으로는 회복할 수 없다면 호수 안에 서식하는 물고기 중 상당수는 죽게 된다. 이렇게 죽은 물고기가 부패하면서 더 심한 오염을 초래하고 더 많은 물고기가 죽게 되면서 결국에는 완전히 죽은 호수로 변하는데 이것도 양성 피드백의 안 좋은 예이다.

감정 통제가 안 되는 상태에서 싸우는 것도 나쁜 양성 피드백이다. 갑과 을이 다툰다고 해 보자. 다투던 중 화난 갑이 목소리를 높이면 을도 따라서 목소리를 높이게 된다. 그럼 갑은 목소리를 더 높이게 되고 두 사람의 목소리는 갈수록 커진다. 결국 화를 참지 못한 갑이 을을 힘껏 밀치고 을은 더 큰 힘으로 갑을 밀치면서 두 사람의 싸움은 통제할 수 없을 정도로 심각해진다.

깨진 유리창 이론Broken Window Theory도 나쁜 양성 피드백이다. 이 이론은 건물 유리창이 깨졌을 때 제때 수리하지 않고 방치하면 다른 사람에 의해 더 많은 유리창이 깨질 수 있다는 점을 지적한다. 비슷한 예로 벽에 작은 낙서가 생겼을 때 바로 지우지 않으면 얼마 뒤에는 벽 전체가 낙서들로 뒤덮이게 된다. 이처럼 사소한 일이 심각한 상황으로 전개되는 것도 양성 피드백의 영향이다.

나쁜 양성 피드백이 있다면 좋은 양성 피드백도 있기 마련이다. 이제 그 예를 살펴보도록 하자.

양성 피드백의 좋은 사례

빌 게이츠Bill Gates의 『미래로 가는 길The Road Ahead』에는 마이크로소프트의 MS-DOS가 다른 운영체제와 경쟁에서 이겨 업계 표준이 되는 과정이 자세히 소개되어 있다. MS-DOS가 막 나왔을 때 시장에는 이미 애플의 Mac OS, 벨[Bell] 연구소의 UNIX 등 여러 운영체제가 등장해 있었다. 이 치열한 시장 경쟁에서 이기기 위해 마이크로소프트는 양성 피드백 회로를 찾았는데, 바로 하나의 생태계를 구축하는 것이었다.

마이크로소프트는 먼저 MS-DOS의 가격을 최저로 낮추고 당시가장 큰 컴퓨터 하드웨어 기업이었던 IBM와 계약을 체결해 IBM의컴퓨터가 운영체제로 MS-DOS를 사용하게 했다. 이렇게 많은 사람이 MS-DOS를 사용하는 환경을 조성한 마이크로소프트는 다른 회사가 MS-DOS 시스템을 기본 소프트웨어로 쓸 수 있게 도왔다.

이렇게 MS-DOS가 신속하게 대량의 사용자를 확보하자 응용 소프트웨어 개발자들은 MS-DOS를 위한 응용 소프트웨어를 개발하기 시작했다. 그리고 응용 소프트웨어 개발로 MS-DOS를 사용할 때더 많은 혜택을 누릴 수 있게 되자 더 많은 사람이 MS-DOS를 구입했다. 더 많은 사람이 MS-DOS를 사용하자 더 많은 응용 소프트웨어 개발자들이 MS-DOS를 위한 응용 소프트웨어를 개발했고 이로써 더 많은 사람이 구매하는 양성 피드백이 만들어졌다. 이렇게 MS-DOS는 다른 경쟁자를 물리치고 업계 표준이 될 수 있었다.

MS-DOS와 달리 다른 운영체제가 실패한 원인 중 하나는 바로생태계 구축이 충분치 못했기 때문이다. 다른 운영체제는 MS-DOS만큼 호환성이 좋지 않아 사용자 수가 적었고 개발 문턱이 높아 개발자들이 적극적으로 응용 소프트웨어를 개발할 동력이 부족했다.이에 양성 피드백이 만들어질 수 없었다.

애플의 경우 스티브 잡스^{Steve Jobs}가 돌아온 뒤 아이팟^{ipod}, 아이폰^{iPhone}, 아이패드^{iPad} 등 다양한 시리즈 제품들을 출시했다. 이러한 제품들이 시장에서 호응을 얻자 잡스는 애플의 생태계 구축 문제에 집중했다. 이전에 애플이 출시한 제품들은 기술상에서 일정한 폐쇄성을 유지하고 있었다. 그런데 2008년 애플은 자발적으로 이것을 바꾸기 시작했다. 2008년 3월 애플은 아이폰의 응용 소프트웨어 개발 키트를 무료로 다운받을 수 있게 공개했는데 이는 다른 응용 소프트웨어 개발자들이 아이폰을 겨냥한 응용 소프트웨어를 개발할 수 있도록 하기 위해서였다. 같은 해 7월 애플의 앱스토어^{App Store}가 개장했고, 2011년 1월에는 애플의 앱스토어가 애플 컴퓨터^{Macintosh, Mac}까지 확장되었다.

애플 앱스토어는 응용 소프트웨어 개발자들이 애플 제품에 맞는 응용 소프트웨어를 개발해 팔도록 한다. 이것은 애플 사용자들의 소프트웨어 수요를 만족시킬 뿐만 아니라 응용 소프트웨어 개발자들이 이윤을 얻을 수 있게 해 준다. 이로써 개발자들이 적극적으로 개발에 참여하게 되고 애플 사용자들의 수요는 더욱 만족하게 되어 더 많은 사람이 애플 제품을 사용하고 싶어 한다. 결국 더 많은 개발자가 애플 제품과 관련된 응용 소프트웨어를 개발하게 되고 양성 피드백이 만들어진다. 이런 양성 피드백으로 애플의 하드웨어, 소프트웨어는 빠르고 긍정적인 발전 궤도에 진입할 수 있었다.

그렇다면 현실적으로 양성 피드백은 무한대로 커질 수 있을까?

결론부터 말하자면 그건 불가능하다. 자원이 제한적이기 때문이다. 자원이 제한적인 환경에서 물리 시스템은 끝없이 성장할 수 없다.

원자로나 원자탄의 연쇄 반응 위력이 계속 커지면 사용하는 핵연료가 소진된다. 불티나게 팔리는 제품도 시장의 수요가 충족되는 날이 오기 마련이다. 빠르게 발전하는 경제도 실물 자본, 금융자본, 노동력, 자원 또는 오염 등의 여러 요소로 인해 한계에 부딪히게 된다.

마이크로소프트와 애플의 사례도 마찬가지다. 전 세계 사용자의 수는 제한적이다. 어떤 제품이든 시장 대부분을 점유한 뒤에는 빠른 성장 모델을 유지할 수 없어 성장이 갈수록 둔화되다가 상대적으로 안정된 상태에 이르게 된다.

앞의 예에서 살펴보았듯이 성공하고 싶다면 좋은 양성 피드백 회로를 찾는 게 중요하다. 일단 좋은 양성 피드백 궤도에 진입하면 급속도로 발전할 수 있다. 그러니 진정한 고수란 좋은 양성 피드백을 활용해 자신을 업그레이드하는 사람이다.

예를 들어 막 회사에 입사한 직원이 상사가 준 임무를 성공적으로 처리했다면 상사는 직원에게 더 많은 기회를 줄 것이다. 즉, 직원은 손쉽게 좋은 양성 피드백 궤도에 진입하게 된다. 업무에서 좋은 활약을 보이면 상사는 더 많은 기회를 주게 되고 경험을 쌓아 더욱 좋은 성과를 보이면 상사는 더욱더 많은 기회를 주게 된다.

SNS에 글을 올려 글 쓰는 습관을 기르는 것도 좋은 양성 피드백이라 할 수 있다. SNS에 글을 공개한 뒤 '좋아요'나 격려 댓글로 글의 가치를 인정받으면 성취감이 생긴다. 이렇게 주변의 격려를 받아 계속 글을 쓰면 문장력이 향상되고 생각도 깊어지게 되어 더 좋은 글을 쓸 수 있게 되고, 더 많은 긍정적인 평가를 얻게 되니 좋은 양성 피드백 궤도에 진입하게 된다.

앞에서 다루었던 조깅을 예로 다시 들자면 나의 동료는 조깅을 통해 좋은 양성 피드백 궤도를 만들었다고 할 수 있다. 조깅을 하면서 체중이 감소하고 체력이 좋아져 더 오래 달릴 수 있게 되었고, 더 오래 달리면서 체중이 더욱 감소하고 체력이 좋아져 마지막에는 30바퀴를 너끈히 달릴 수 있게 되었다.

하지만 좋은 양성 피드백이 존재하면서 동시에 나쁜 양성 피드백이 존재할 수 있다. 흥미로운 점은 좋은 양성 피드백과 나쁜 양성 피드백은 종이 한 장 차이라는 것이다. 예를 들어서 막 회사에 입사한 직원이 상사가 준 임무를 망쳤다면 나쁜 양성 피드백 궤도에 진입하기 쉽다. 마찬가지로 발표한 글의 반응이 좋지 않으면 계속 글을 쓰기 힘들어지게 되고, 실력이 향상되지 못해 결국에는 글 쓰는 것을 포기하게 된다.

많은 사람이 조깅을 꾸준히 하지 못하는 이유도 나쁜 양성 피드백 때문이다. 체중이 많이 나가서 뛰면 숨이 차고 힘들어 뛰고 싶지 않아진다. 그래서 뛰지 않으면 체중은 더 불어나게 되고 더욱 뛰기 싫어하게 되어 결국에는 조깅을 포기하는 것이다.

앞에서 살펴본 몇 가지 예에서 드러났듯이 처음 시작할 때는 좋은 양성 피드백과 나쁜 양성 피드백의 차이는 아주 작다. 바로 이 작은 차이가 엄청나게 다른 결과를 불러오는 것이다.

플라이휠Flywheel은 처음 돌릴 때는 힘을 쏟아야 하지만 이후 가속도가 붙으면 힘을 주지 않아도 알아서 돌아간다. 좋은 양성 피드백도 마찬가지다. 좋은 양성 피드백을 만들고 싶다면 초기에 힘을 쏟아야 한다. 조깅으로 체력을 단련한 동료도 시작하고 얼마 동안은 이를 악물고 의지력으로 버틴 끝에 좋은 양성 피드백을 만들 수 있었다.

따라서 일을 할 때는 먼저 좋은 양성 피드백이 만들어질 수 있는 부분이 있는지 민감하게 탐색해야 한다. 이후 의지력과 인내심을 가지고 꾸준히 해나간다면 어느 순간 외부 힘의 도움을 받는 때가 올 것이다. 알아서 돌아가는 플라이휠처럼 물 흐르듯 자연스럽게 좋은 결과가 만들어지는 것이다.

세기의 마천루도
완벽한 기초 설계부터

볶음 요리를 제대로 즐기는 방법

나의 장인께서는 깍두기 모양으로 썬 감자, 당근에 완두콩을 넣어 함께 볶은 요리를 무척이나 좋아하신다. 세 살 된 내 딸 역시 이 요리를 좋아하는데, 문제는 완두콩은 물론이고 깍두기 모양으로 썬 감자, 당근이 크기가 작아 어린 딸의 서툰 젓가락질로는 집어 먹기가 힘들다는 것이다. 그동안 작게 썬 음식을 젓가락으로 집어 먹는 법을 여러 차례 가르쳤음에도 딸 아이의 젓가락 실력은 좀처럼 늘지 않았다. 그래서 이 요리를 먹을 때는 편하게 먹을 수 있도록 숟가락을 주기로 했고, 덕분에 딸 아이는 숟가락을 사용해 좋아하는 요리를 먹을 수 있게 되었다.

최고의 설계를 위한 완벽한 기초 공사

앞의 이야기에서 우리의 임무는 딸아이가 볶음 요리를 쉽게 먹을 수 있도록 하는 것이었다. 그래서 우리는 이 임무를 두 단계로 나누었다. 첫 번째 단계는 알맞은 식사 도구를 선택하는 것이고 두 번째 단계는 딸아이가 해당 식사 도구를 능숙하게 사용할 수 있도록 적당한 훈련을 시키는 것이다.

그렇다면 두 단계 중에서 더 중요한 단계는 무엇일까? 앞의 이야기에 근거해 보면 알맞은 식사 도구를 선택하는 첫 번째 단계가 훈련을 진행하는 두 번째 단계보다 더 중요하다. 식사 도구로 숟가락을 선택하자 별다른 훈련 없이 임무를 성공적으로 완성할 수 있었다. 반대로 젓가락을 선택했을 때는 오랜 시간 훈련했음에도 임무를 성공적으로 완성하지 못했다.

그렇다면 해당 임무에서 숟가락이 젓가락보다 더 적합했던 이유는 뭘까? 그 이유는 숟가락이 볶음 요리가 가진 특징에 알맞은 모양을 하고 있기 때문이다. 숟가락은 완두콩이나 잘게 썬 음식을 쉽게 담을 수 있다. 반면 젓가락은 음식 중 대부분을 집을 수 있지만(통용성이 아주 좋다) 잘게 썬 음식을 집는 임무에서만큼은 숟가락만큼 편리하지 못하다. 그래서 우리는 이 임무를 진행하는 데 알맞은 도구로 숟가락을 선택했고 그다음 딸아이에게 약간의 훈련을 시켜 해당 임무를 성공적으로 완수할 수 있었다.

앞에서 언급한 이야기뿐만 아니라 많은 설계 과정이 적합한 기초를 설정하고 이 기초에 근거해 최적화를 진행하는 두 단계로 나뉜다. 볶음 요리 이야기에서 살펴보았듯 좋은 설계의 핵심은 첫 번째 단계인 적합한 기초를 설계하는 것이다. 기초 설계를 잘해야만 두 번째 단계인 상위 최적화를 쉽게 할 수 있다. 만약 반대로 두 번째 단계인 상위 최적화만 중요시하고 첫 번째 단계 기초 설계를 소홀히 한다면 아무리 공을 들인들 제대로 된 성과를 볼 수 없다.

망치를 설계하는 방법

컴퓨터 과학 관련 연구에서는 수학이 널리 사용되고 있다. 이 사실이 나타내는 것 중 하나가 연구원들이 의식적으로 어떤 문제든 공식을 통해 기술하려 한다는 것이다.

그렇다면 공식을 통해 기술하려는 이유는 뭘까? 이것을 설명하기 위해서는 수학지식을 사용해야 하는데, 이해가 어렵다면 해당 예를 건너뛰어도 괜찮다.

못을 바닥에 박기 위해 망치를 설계한다고 해 보자. 이때 '망치'는 사람이 에너지를 가장 적게 소비되도록 설계해야 한다. 이 문제를 공식으로 기술하면 수학 문제로 변한다. 우리는 소비되는 에너지가 사람이 가하는 힘과 관련이 있다는 것을 알고 있다. 이 때문에 먼저 사람이 못을 박을 때 필요한 힘이 어느 정도인지를 계산해야 한다.

망치의 질량을 m, 매번 망치질할 때 망치가 못에 떨어지는 순간의 속도를 v라고 가정해 보자. 그리고 사람이 매번 망치를 들어서 못을 칠 때까지의 과정에서 사람의 일을 W라고 가정하자. W와 망치의 질량 m, 망치가 못을 내리치는 속도인 v는 관련이 있다. 운동에너지 공식에 근거해 보면 다음과 같다.

$$W = \frac{1}{2}mv^2$$

우리는 매번의 망치질에서 사람의 일 W가 못을 바닥에 얼마만큼 들어가게 하는지 볼 수 있다. 못이 바닥에 들어가려면 저항하는 힘을 극복해야 한다. 일의 정의는 다음과 같다.

$$W = F\Delta x \tag{2.1}$$

여기서 F는 망치가 못에 가하는 작용력으로 못이 바닥에 들어갈 때 받는 마찰 저항으로 볼 수 있고, Δx는 저항을 극복할 때 못이 이동하는 거리이다. 주의할 점은 마찰 저항 F는 못이 깊이 들어갈수록 커진다.

첫 번째 내리친 뒤 못이 바닥에 들어간 길이를 x_1이라고 가정해 보자[그림 2-1]. 못이 바닥과 접촉했을 때 받는 마찰 저항은 0이고, x_1 길이만큼 들어갔을 때 받는 마찰 저항은 kx_1이다. 여기서 k는 마찰계수로 바닥의 목재 재질과 못의 매끄러운 정도와 관련이 있다. 그렇다면 이 과정에서 못이 평균적으로 받게 되는 저항력은 다음과 같다.

$$F = \frac{1}{2}kx_1$$

이렇게 공식(2.1)에 근거해 첫 번째 내리친 뒤 망치가 못에 가하는 힘을 다음과 같이 쓸 수 있다.

$$W = F\Delta x = \frac{1}{2}kx_1 \cdot x_1 = \frac{1}{2}kx_1^2 \tag{2.2}$$

이에 사람이 1회 일(W)을 할 때 못이 바닥에 들어가는 깊이는 다음과 같다.

$$x_1 = \sqrt{\frac{2W}{k}} \tag{2.3}$$

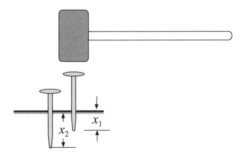

[그림 2-1] 망치로 못을 내리치는 순간

두 번째 망치로 못을 칠 때 우리는 사람이 같은 속도로 망치를 휘두를 경우 망치에 가하는 일(W)은 변하지 않는다고 가정할 수 있다. 이런 상황에서 못의 깊이가 x_1에서 x_2에 이른다고 가정하면 못이 바닥에 들어가는 길이는 $\Delta x = x_2 - x_1$가 되고, 중간에 받는 평균 저항력은 $F = \frac{1}{2}k(x_1 + x_2)$가 된다. 그렇다면 이번에 망치가 못을 내리칠 때의 일은 공식(2.1)에 근거해 다음과 같이 쓸 수 있다.

$$W = F\Delta x = \frac{1}{2}k(x_1 + x_2)(x_2 - x_1) = \frac{1}{2}k(x_2^2 - x_1^2)$$

그러므로 이번에 사람이 일(W)을 할 때 못이 바닥에 들어가는 깊이는 다음과 같다.

$$x_2 = \sqrt{\frac{2W}{k} + x_1^2} = \sqrt{\frac{4W}{k}}$$

이와 같은 유추를 통해서 우리는 n번 망치로 못을 내리칠 때 못이 다다르는 깊이 x_n을 알 수 있다.

$$x_n = \sqrt{\frac{2W}{k} + x_{n-1}^2} = \sqrt{\frac{2nW}{k}} = v\sqrt{\frac{nm}{k}} \tag{2.4}$$

해당 표현식을 확인한 뒤 우리는 망치에 최적화를 진행할 수 있다. 이제 한 사람이 매번 망치를 휘두르는 속도가 일정하게 v라고 가정하고 못의 깊이를 L, 못이 바닥에 완전히 들어갈 때까지 내리치는 횟수를 n회라고 가정하면 n에 대응하는 x_n은 다음을 만족한다.

$$x_n \geq L$$

x_n의 표현식이 공식(2.4)에 의해 결정되었으므로 이것이 제한된 조건을 만족한다는 점에 주의를 기울여야 한다. 이 제한된 조건에서 우리는 사람이 사용하는 전체 힘을 최소화해야 한다. 사람이 n번 망치질을 할 때 사용하는 일의 총량은 다음과 같다.

$$W_{총량} = nW = \frac{1}{2}nmv^2$$

즉, 제한된 조건 $x_n \geq L$을 만족시키는 최적의 망치 질량 m을 찾으면 최종적으로 들어가는 일의 총량 $W_{총량}$을 최소화할 수 있다는 것이다.

다시 표현하면 다음과 같이 쓸 수 있다.

$$v\sqrt{\frac{nm}{k}} \geq L \text{을 만족하는 일의 총량의 최솟값 } W_{총량} = \frac{1}{2}nmv^2$$

주의할 점은 우리가 가정한 사람이 휘두르는 망치의 속도 v와 못의 마찰 계수 k가 모두 상수라는 점이다. 이렇게 첫 번째 공식에는 우리가 최적화하는데 필요한 변수가 있다. 즉, 망치의 질량 m과 내리치는 횟수 n이다. 우리는 최적의 질량 m을 찾으면서 $v\sqrt{\dfrac{nm}{k}} \geq L$의 조건을 만족시키고 $\dfrac{1}{2}nmv^2$를 최소화해야 한다. 그렇다면 이것을 어떻게 찾을 수 있을까?

먼저 nm을 하나로 두고 제한 조건에 근거해 보면 다음을 알 수 있다.

$$nm \geq k\frac{L^2}{v^2}$$

이를 만족하는 $W_{총량}$은

$$W_{총량} = \frac{1}{2}nmv^2 \geq \frac{1}{2}kL^2$$

그래서 L의 길이만큼 못을 내리쳐 바닥에 박으면서 최소한의 힘을 사용하는 것은 $\dfrac{1}{2}kL^2$이며 이것은 $nm = k\dfrac{L^2}{v^2}$일 때이다.

이 때문에 우리는 그 중 n을 임의의 정수로 정하기만 하면 마지막에 소모되는 에너지가 최솟값에 이를 수 있음을 알 수 있다. 이때 최솟값은 다음과 같다.

$$E_{총량} = \frac{1}{2}kL^2$$

앞의 유도 과정에서 공식을 통해 문제를 기술하려면 우리는 하나 또는 여러 개의 최적화 목표(사람이 소모하는 총에너지) 및 최적화의 변수(망치의 질량)가 필요하다는 것을 알 수 있다. 이러한 방법을 통해서 우리는 최적화된 망치를 설계할 수 있다.

하지만 사람들은 공식으로 기술하는 것은 어떤 매개변수에 대해 최적화를 진행하는 것일 뿐이므로 설계에서 두 번째 단계에 해당한 다는 점을 망각한다. **가장 중요한 것은 첫 번째 단계인 '망치를 선택 하는' 임무이다.**

예를 들어서 못을 박는 도구로 나무 막대기나 도끼나 렌치를 선택 했다고 해 보자. 만약 선택한 도구가 좋지 않다면 아무리 완벽한 공 식을 기술해 최적화를 이루었다고 해도 좋은 효과를 볼 수 없다.

더구나 앞에서도 언급했지만, 공식을 통해서 망치의 최적화를 진 행하는 것은 제한적이다.

첫째, 최적화는 대량의 가설에 기반해 실현된다. 이러한 가설은 (1) 서로 다른 질량의 망치를 사용할 때 사람들이 매번 내리치는 속 도 v가 같다. (2) 매번 휘두를 때마다 못을 명중시킬 수 있다 등을 가 정한다. 따라서 이런 가설은 현실에서 완전히 성립될 수 없다.

둘째, 못에 대한 망치의 질량만 최적화한다. 망치의 가장 중요하 고 가장 실용적인 특징인 망치의 크기, 머리의 형태, 손잡이의 형태 등에 대한 최적화는 실현할 수 없다.

셋째, 대부분 상황에서 최적화로 향상되는 부분이 크지 않다. 이 번 예에서 m이 최적값으로 설계되지 않더라도 가장 안 좋은 상황에 서 소모되는 에너지 $\frac{1}{2}mv^2$는 아주 작아 한 번 내리치는 에너지보다 큰 수준이다.

간단하게 말해서 **우리가 그동안 많은 지면을 할애해 다양한 공식을 사용해 추론한 최적화가 사실은 그리 중요하지 않다는 것이다. 두 번째 단계인 상위 최적화는 첫 번째 단계인 '선택'보다 중요하지 않다.**

맛있는 밥을 위한 전기밥솥의 기초 설계

대학 시절 '마이크로 컨트롤러Micro Controller Unit 원리'라는 과목을 수강한 적 있다. 당시 해당 수업의 과제는 스마트 전기밥솥을 설계하고, 그에 대응하는 마이크로 컨트롤러의 제어 프로그램을 작성하는 것이었다.

당시 나는 다음과 같은 전기밥솥을 설계했다. 온도센서로 전기밥솥의 온도를 측정한 뒤 마이크로 컨트롤러를 통해 온도를 판독하고 계전기를 통해 가열 전원 스위치를 제어해 전기밥솥의 온도를 제어한다. 밥을 지을 때는 가열 시 온도가 상승하는 정도, 물이 끓은 뒤 보온이 유지되는 정도 등 이상적인 온도 곡선이 존재한다. 나는 마이크로 컨트롤러가 측정한 온도와 이상적인 온도 사이의 편차에 근거해 계전기가 전원 스위치를 통제하도록 하는 제어 알고리즘을 세심하게 설계했다. 또 밥솥 안에 들어가는 쌀의 중량마다 이상적인 온도 곡선이 다르므로(쌀을 많이 넣으면 가열 시간도 길어져야 한다) 중량 센서를 추가해 마이크로 컨트롤러가 중량에 근거해 이상적인 온도 곡선을 선택할 수 있게 했다.

나는 해당 설계가 상당히 만족스러웠다. 마치 내가 아주 이상적인 전기밥솥을 설계해낸 것 같았다. 하지만 당시 나는 가정에서 사용하는 전기밥솥이 어떤 구조로 되어 있는지 전혀 고려하지 않았다. 당시 전기밥솥에는 '온도센서+중량 센서+마이크로 컨트롤러 제어'가 모두 포함된 모델은 존재하지 않았다. 하지만 그럼에도 밥솥에 쌀이 얼마만큼 들어가든 물의 양이 적합하든 상관없이 매번 밥이 알맞게 지어졌다.

그렇다면 전기밥솥은 어떤 기초 설계로 이루어져 있을까? 먼저 밥이 잘 되는 핵심은 솥 안에 물이 끓어 졸아드는 정도에 있다. 더구나 솥 안에 물이 졸아들은 뒤에도 가열이 멈추지 않으면 밥이 타게 된다. 당시 전기밥솥은 자석을 활용해 이와 같은 복잡한 기능을 실현했다. 자석은 온도가 103°C 정도에 이르면 자성을 상실하는 특징을 가지고 있다. 전기밥솥은 내솥 바닥에 자석이 있어 취사 버튼을 누르면 자석의 흡인력으로 전원이 통하는 상태를 유지하게 해 가열을 지속시킨다. 그렇게 밥을 짓는 과정에서 내솥 바닥의 온도가 계속 상승해 물이 끓는 100°C에 이르게 되고, 전기밥솥 안에 물이 졸아들면 온도가 계속 상승한다. 이윽고 내솥 바닥 온도가 103°C에 이르면 자석이 자력을 잃게 되면서 전원이 차단된다. 이때 전기밥솥 발열판의 잔여 열기가 계속 일정 시간 가열을 진행하면 쌀이 알맞게 익게 된다. '자석이 103°C 정도에서 자성을 상실하는 것'과 '물의 끓는점이 100°C'인 물리 특성을 완벽하게 이용한 해당 방법은 내가 설계한 '온도센서+중량 센서+마이크로 컨트롤러 제어'로 구성된 방안보다 훨씬 간단하고 경제적이다.

물론 이 설계에도 최적화될 수 있는 여지가 많이 있다. 예를 들어서 보온 기능을 위해서 많은 전기밥솥 제품들이 바이메탈 온도 조절 장치를 추가했고, 타이밍 기능을 위해 타이머를 설치했다. 또 구조에서도 설계를 개선했는데 기존의 직접 가열 방식에서 간접 가열 방식으로 바꾸어 열기가 더욱 균일하게 전달되도록 했고, 내부 분해가 가능하게 해서 더욱 청결하게 사용할 수 있게 했다.

종합하면 전기밥솥을 설계할 때 나는 '온도센서+중량 센서+마이크로 컨트롤러 제어'를 구성해 기초 설계를 만들었고, 이를 기반으로 마이크로 컨트롤러 알고리즘을 설계했다. 반면 일상에서 사용되는 전기밥솥의 기초 설계는 자석을 사용한 온도통제, 보온 기능, 타이머 기능 등이 추가되었다. 내가 만든 마이크로 컨트롤러 알고리즘이 얼마나 발전된 기술이든 상관없이 내가 세운 설계는 실용성, 가격, 강인성 방면에서 시장에서 통용되는 전기밥솥 설계를 능가할 수 없었다. 시중에서 사용되는 전기밥솥은 자석의 물리 특성과 밥을 만드는 데 필요한 조건을 완벽하게 결합했다. 이것이 기초 설계의 중요성이다. 기초 설계 방안이 좋지 못하면 상위 최적화를 진행해도 제대로 된 효과를 볼 수 없다.

인간의 습관을 고려해 설계된 무인 발권기

고속철도를 이용해 본 사람이라면 무인 발권기에서 표를 발권해 본 경험이 있을 것이다. 무인 발권기에서 표를 발권하려면 신분증이 필요하다. 그런데 가끔 발권을 마친 뒤 신분증을 가져가는 것을 잊는 경우가 있다. 이 문제를 해결하는 방법은 없을까?

이미지와 동영상 처리 기술을 배운 사람이라면 다음의 방법을 선택해 문제를 해결하려 할 것이다. 바로 무인 발권기에 카메라를 설치해 카메라의 데이터를 판독하게 하는 것이다. 그럼 알고리즘을 활용해 무인 발권기에서 발권을 마친 사람이 신분증을 잊어버리고 가려 하는지를 식별할 수 있다.

이것은 기본적인 설계 방안이고, 이를 기반으로 구체적인 부분을 최적화할 수 있다. 예를 들어서 동영상 처리 알고리즘의 정확도와 실시간성을 높이거나 알고리즘의 강인성을 높이는 등이다. 또 발권을 마친 뒤 신분증을 가져가는 것을 잊을 경우 즉시 음성 안내를 해주는 등 실용성을 높일 수도 있다. 그렇다면 이것은 좋은 설계인 걸까?

우선 일상에서 쓰이는 무인 발권기가 이 문제를 해결하기 위해 어떻게 설계되어 있는지를 살펴봐야 한다. 평소 사용하는 무인 발권기의 신분증을 놓는 위치는 대부분 경사지게 설계되어 있다. 즉, 신분증을 확인할 때 계속 손으로 신분증을 잡고 있게 해서 확인이 끝난 뒤 자연스럽게 신분증을 가져가게 하는 것이다[그림 2-2]. 이 설계

[그림 2-2] 고속철도 무인 발권기 설계

는 아주 단순하면서 굉장히 효과적이다.

앞서 언급한 '카메라+알고리즘+음성 안내' 방안과 비교해도 비용이나 실용성 방면에서 굉장한 이점을 가지고 있다. 시중 무인 발권기의 기초 설계는 사람들의 습관, 중력 등의 요소가 융합되어 있다. 반면 '카메라+알고리즘+음성 안내' 방안은 그럴싸해 보이기는 하지만, 사실 그 이상의 이점은 없다.

좋은 설계란 설계의 기초에서 임무의 요구와 특징을 최대한 고려해야 하는 것이다.

일반적으로 주어진 임무를 완성하기 위한 설계는 두 가지 단계로 나뉜다.

첫째: 적합한 기초를 설계하는 것.
둘째: 기초에 근거해 알맞은 최적화를 진행하는 것.

여기서 문제는 첫 번째 단계인 기초 설계는 소홀히 하고 두 번째 단계인 최적화 방안을 그럴싸하게 설계하는 데만 집중하는 경우가 많다는 점이다. 첫 번째 단계인 기초 설계는 두 번째 단계인 최적화보다 훨씬 중요하다. 그 이유는 두 번째 단계인 상위 최적화가 가진 역할이 제한적이기 때문이다. 기초 설계를 소홀히 한 채 상위 최적화에 공을 들이는 것은 모래성을 쌓는 것에 지나지 않는다. 우리가 여기서 다룬 망치 설계, 전기밥솥 설계, 무인 발권기에서 신분증을 분실하지 않는 방법 등에는 모두 하나 같이 기초 설계의 중요성이 담겨 있다.

사실 일상에는 이런 예가 많이 있다. 예를 들어 영화 촬영에서 좋은 극본은 기초 설계이고 연기자의 연기력, 촬영 기술, 장면과 도구 등은 상위 최적화이다. 그러니 극본의 완성도가 떨어지면 아무리 뛰어난 연기자를 캐스팅하고 휘황찬란한 특수효과를 사용한들 좋은 영화가 만들어질 수 없다.

설계의 소재가 종종 성패를 결정하는 요소가 되기도 한다. 평범한 소재의 경우 아무리 최적화를 진행한들 사용 가능한 설계만 완성될 뿐이다. 가장 적합한 소재를 찾아야만 뛰어난 설계를 완성할 수 있다.

본질을 포착해
제약에서 벗어나라

장난감 돋보기의 혁신적인 기술

어느 일요일 아침, 나는 딸아이가 침대 위에서 돋보기를 가지고 놀고 있는 모습을 지켜보고 있었다. 그런데 딸아이가 가지고 노는 장난감 돋보기는 내가 알고 있는 돋보기와는 조금 모양이 달랐다. 장난감 돋보기는 플라스틱을 사용해 만들어서 일상에서 흔히 보는 볼록 렌즈 돋보기보다 얇았고 표면에는 빙글빙글 동심원이 있었다. 하지만 글자를 비춰보니 실제 돋보기처럼 글자도 제법 크게 보였다. 나는 이후 그것이 프레넬 렌즈$^{Fresnel\ Lens}$라는 사실을 알게 되었다. 프레넬 렌즈는 볼록 렌즈와 형태가 많이 다름에도 글자를 크게 확대할 수 있다. 그렇다면 그 이유는 뭘까?

물리학의 관점에서 평행으로 들어오는 광선을 멀리 떨어진 어떤 부분에 모으면 확대해 볼 수 있다. 전통적인 돋보기인 볼록 렌즈는 유리의 형태를 통해서 이와 같은 일을 한다. [그림 3-1a]는 볼록 렌즈의 예이다. 평행으로 들어오는 광선이 렌즈의 곡면을 거쳐 굴절되어 초점이 모이면 확대해 볼 수 있는 것이다. 이 과정에서 진정으로 역할을 하는 것은 볼록 렌즈의 굴절된 면뿐이다. 볼록 렌즈의 왼쪽 평면이나 내부 부분같이 다른 부분은 아무런 역할도 하지 않는다. 그래서 우리는 광선을 바꾸는 데 필요 없는 부분은 제거하고 곡면 부분만 남길 수 있다. 이 경우 [그림 3-1b]에서처럼 아주 얇으면서 매끈한 곡면을 가진 볼록 렌즈가 된다.

우리는 이 볼록 렌즈를 한번 더 개선해 볼 수 있다. 평행으로 들어오는 광선을 모으는 데 반드시 매끈한 곡면이 필요한 것은 아니다. 렌즈의 곡면 부분의 곡률이 같기만 하면 된다. 이렇게 우리가 나머지 부분을 돌려 렌즈 밑부분이 위로 향하게 하면 [그림 3-1c] 딸 아이가 가지고 놀던 프레넬 렌즈가 된다. 일반 볼록 렌즈와 비교했을 때 프레넬 렌즈는 더 얇고 가벼우면서 가격도 저렴하다.

a) 볼록 렌즈   b) 불필요한 부분을 제거한 볼록 렌즈   c) 프레넬 렌즈

[그림 3-1]

이렇게 일반 볼록 렌즈에서 출발해 하나하나 필요 없는 부분을 제

거하자 마지막에는 똑같은 기능을 하면서 어떤 방면에서는 더 뛰어난 프레넬 렌즈로 변했다. 평행으로 들어오는 광선을 멀리 있는 어느 부분에 모으는 게 돋보기의 핵심이다. 볼록 렌즈는 유리의 형태를 활용해 이를 실현하지만, 그렇다고 해서 유리가 반드시 볼록 렌즈의 형태를 보이는 것은 아니다. 이것은 불필요한 제약이다. 만약 멀리 있는 부분에 초점을 맞추는 데만 집중한다면 우리는 불필요한 부분을 제거할 수 있다. 그리고 그렇게 탄생한 것이 프레넬 렌즈이다.

프레넬 렌즈는 볼록 렌즈를 모방, 개선했다고 볼 수 있다. 일상에서 이미 있는 사물을 기반으로 개선과 혁신을 진행하는 것은 자주 볼 수 있는 창조 과정이다. 앞에서 소개한 예를 통해 이런 개선 과정을 살펴보면 다음과 같은 법칙을 발견할 수 있다.

기존의 어떤 사물을 모방해서 혁신을 진행하고 싶다면 먼저 사물이 가지고 있는 역할을 분명히 이해해야 한다. 사물의 핵심 요소와 불필요한 제약이 무엇인지 파악한 뒤 핵심 요소만 추출하고 불필요한 제약을 제거한다면 더 좋게 개선할 수 있다.

단순 모방을 벗어난 획기적인 창조

일상의 많은 영역에서 이런 혁신적인 사고가 응용되고 있다.

예를 들어 비행기가 발명되기 전 레오나르도 다빈치Leonardo da Vinci를 비롯한 사람들은 새의 비행을 모방하면 사람이 하늘을 날 수 있으리라 생각했다. 그래서 새의 날갯짓을 모방한 많은 장치가 설계되었지만 전부 실패했다. 그 이유는 인류는 체중과 가슴 근육의 힘이 새와 달라서 날갯짓으로는 하늘을 날 수 없기 때문이다.

그렇다면 새의 비행 과정에서 어떤 부분이 비행기를 발명하는 데 영향을 준 것일까?

새가 하늘을 날 수 있는 원리에는 공기 역학^{Aerodynamics}이 숨겨져 있다. 새가 날 수 있는 핵심 중 하나는 위로 향하는 양력을 만들어낸다는 것이다. 사람들은 공기 역학을 이해한 뒤 날갯짓이 양력을 만들어낸다는 것을 알게 되었고, 아울러 날갯짓이 양력을 얻는 여러 방법 가운데 하나일 뿐이라는 사실도 알게 되었다. 날갯짓으로 양력을 만들어내는 것은 가벼운 뼈대와 발달한 가슴 근육, 유선형 체형을 가진 새에게는 적합한 방법이었지만 사람에게는 아니었다.

공기 역학의 새로운 방면을 개척한 조지 케일리$^{George\ Cayley}$는 새의 비행 원리를 이해한 뒤 고정 날개 형태로 위로 향하는 양력을 만들어낼 수 있는 원리를 제시했다. 그리고 이후 라이트 형제가 해당 원리를 발전시켜 인류는 마침내 하늘을 나는 꿈을 실현할 수 있었다. 이것이 바로 본질을 포착하고 제약을 제거하는 사고이다. 인류가 새의 비행을 모방해 하늘을 날기 위해서는 먼저 새의 비행 원리, 즉 공기 역학을 이해해야 한다. 그리고 공기 역학에 근거해 비행에 필요한 양력을 만들어내야 한다. 공기 역학을 이해하면 날갯짓은 양력을 만들어내는 하나의 방식일 뿐이며 새에게는 적합한 방법이지만 사람에게는 아니라는 사실을 알 수 있다.

본질을 포착하면 '날기 위해서는 퍼덕퍼덕 날갯짓해야 한다'라는 제약에서 벗어날 수 있고, 고정 날개를 가진 비행기를 설계해낼 수 있다. 이렇게 인류는 고정 날개의 형태를 이용해 양력을 만들어냄으로써 하늘을 나는 꿈을 실현할 수 있었다.

우리는 '본질을 파악하고 제약을 제거하는' 사고가 먼저 '아래에서 위로' 향한 다음 다시 '위에서 아래로' 향하는 과정을 거친다는 것을 알 수 있다. 아래에서 위로 향하는 것은 '현상에서 본질과 원리를 추출하는 것'이고, 위에서 아래로 향하는 것은 '본질과 원리를 실제 상황과 결합해 제약에서 벗어난 새로운 제품을 설계하는 것'이다.

비행기 발명 과정에서 우리는 먼저 새의 비행 모습을 관찰하고 그 원리를 이해해 공기 역학을 추출했다. 이것은 아래에서 위로 향하는 추상적인 과정이다. 그리고 공기 역학에 대한 이해를 통해 날갯짓이란 제약에서 벗어나 고정 날개를 가진 비행기를 설계해냈다. 이것은 위에서 아래로 향하는 실현과정이다.

증기선도 이와 같은 과정을 통해서 발명되었다. 과거 노를 저어서 배를 이동시켰던 탓에 맨 처음 발명해낸 증기선도 사람이 노를 젓는 방식을 모방해 증기로 노를 저었다. 하지만 사람들은 곧이어 노를 젓는 방식은 지나치게 비효율적이라는 사실을 알게 되었다. 사람이 배를 이동시킬 때 노를 젓는 방식을 사용하는 이유는 사람의 신체 구조와 배에서 사람이 있는 위치와 관련이 있다. 사람은 배 위에 앉아서 배를 이동시키기 때문에 노를 젓는 게 적합한 방식이다. 하지만 단순히 배를 앞으로 나아가게 하려면 물을 뒤로 미는 힘만 제

[그림 3-2] 프로펠러를 사용한 증기선의 모형

공하면 된다. 그러니 노를 젓는 방식은 사실상 불필요한 제약이다.

벤저민 프랭클린$^{Benjamin Franklin}$은 증기선을 개선해 노 젓는 방식이 아닌 프로펠러를 사용하게 했다[그림 3-2]. 프로펠러는 노 젓는 제약에서 벗어난 설계이다. 수면 아래 설치되어 직접 물을 밀 수 있는 프로펠러는 미는 힘을 가장 크게 만들어낼 수 있도록 외형이 설계되었다. 그래서 사람이 노를 젓는 방식과 비교하면 프로펠러는 동력의 사용 효율이 굉장히 높다.

사고 배후의 핵심요소를 이해하라

2018년 튜링상의 주인공이자 인공지능 영역의 대표 인물인 얀 르쿤$^{Yann LeCun}$은 과거 인공지능 발전 방향에 대해 다음과 같이 말했다.

"자연을 모방하는 것은 좋지만 모방할 때 어떤 디테일이 중요한지 알아야 합니다. 그리고 그 디테일이 자연 진화의 결과인지 아니면 생물,

화학 등 제약 조건으로 얻어진 산물인지를 이해할 필요가 있습니다. 비행 영역에서 인류는 공기 역학과 유체 역학을 발전시킴으로써 비행에 깃털과 날개의 퍼덕임이 중요하지 않다는 사실을 알게 되었습니다. 그렇다면 인공지능 영역에서 '공기 역학'에 해당하는 것은 무엇일까요?"

얀 르쿤의 이 말은 인공지능의 발전 방향이 단순히 인간의 두뇌를 모방하는 데에만 국한되지 않는다는 것을 암시한다. 그 이유는 인간의 지능은 인간이 가진 두뇌의 작용방식에 제한받아 생겨나기 때문이다. 그래서 인류 지능, 사고 배후에 있는 핵심 요소를 이해해 인공지능의 '공기 역학'을 찾는 게 무엇보다 중요하며, 컴퓨터의 특징을 결합해야 비로소 새로운 돌파구를 마련할 수 있다.

아래에서 위로 사고하고, 위에서 아래로 확장하라

대학 교수가 되었을 때 나는 석사나 박사 과정에 있는 학생 대부분이 과학기술 논문을 읽으면서 '맹목적으로 받아들이려는 경향'이 있다는 것을 발견했다. 또한 매번 논문을 읽은 뒤 해당 논문의 관점이 일리가 있다고 생각하면서도 그것을 자신의 연구에 활용할 줄은 몰랐다. 그래서 어떤 이들은 농담으로 다른 사람의 과학기술 논문을 읽는 데 한 가지 패러독스가 있다고 말한다. 만약 다른 사람의 논문 방향이 자신의 관점과 맞지 않는다면 해당 논문이 제시하는 해결 방법은 도움이 되지 않는다. 반대로 다른 사람의 논문 방향이 자신과 일치한다면 제시된 해결 방법을 사용할 수 있다.

하지만 이 경우 자신만의 혁신적인 관점이 부족해진다. 따라서 많은 사람이 자신이 연구하는 문제와 상당히 비슷한 관점을 다룬 과학기술 논문을 선택한 뒤에 개선할 부분이 있는지를 살펴본다. 그런데 이런 방식을 사용한 논문은 혁신성이 매우 부족하다. 새로운 논문의 전체적인 관점이 기존 논문과 너무 유사하고 기존 논문의 내용을 수정, 보완한 것에 지나지 않기 때문이다.

이처럼 다른 사람이 쓴 과학기술 논문을 읽는 것도 일종의 모방인 만큼 본질을 파악하고 제약을 제거하는 사고를 사용해 볼 수 있다.

먼저 논문을 선택할 때 자신의 연구 방향과 완전히 일치하는 논문은 선택하지 말아야 한다. 다음으로 다른 사람의 논문을 읽을 때 과학기술의 세부 부분에 집중하면서 한편으로는 세부 부분 배후에 한 차원 더 높은 생각과 지혜가 담겨 있지는 않은지 고민해 본다.

이것은 앞에서 언급한 아래서 위로 향하는 추상 과정이다. 논문에 담긴 생각과 지혜를 찾기만 한다면 해당 논문의 구체적인 시나리오의 제약에서 벗어날 수 있다. 그러면 자신이 연구하는 문제의 특징에 근거해 파악한 생각과 지혜를 더욱 발전시켜 해당 문제를 해결할 수 있다. 이것은 위에서 아래로 향하는 응용과정이다.

혁신을 효과적으로 이루는 과정 중 하나는 바로 본질을 파악하고 제약을
제거하는 것이다.

  일반적으로 먼저 아래에서 위로 향했다가 다시 위에서 아래로 향하는 과정
을 거친다. 아래에서 위로 향하는 것은 사물의 겉모습에서 본질을 파악하고
핵심 원리를 발견해 구체적인 상황에 대한 제약이 무엇인지를 아는 것이다.

  그리고 위에서 아래로 향하는 것은 본질과 원리를 바탕으로 불필요한 제약
을 제거한 뒤 자신의 상황에 맞는 개선을 진행하는 것으로 핵심 원리를 바탕
으로 자신의 상황을 더욱 좋게 만들 수 있다.

거듭할수록 확률을 높이는
큰 수의 법칙

지금부터는 수학의 관점에서 도박장 운영자가 돈을 버는 방법에 관해 이야기해 보겠다. 이 점을 이해한다면 도박에 빠진 사람이 결국에는 전 재산을 탕진하게 되는 이유를 이해할 수 있다.

도박 중독자가 환영받는 치명적인 이유

도박장의 게임은 도박장 운영자가 설계한다. 그래서 모든 도박판은 확률상 운영자가 게이머보다 조금 더 유리하게 설계된다.

룰렛을 예로 살펴보자[그림 4-1]. 룰렛은 방법이 아주 간단하다. 게이머는 구슬이 원반의 38개의 칸 중에서 어느 칸에 들어갈지를 추측한다. 추측이 맞으면 도박장에서는 일반적으로 35:1의 비율로 게이머에게 보상한다. 즉, 1원을 걸었는데 추측이 맞았다면 1원을 되돌려줄 뿐만 아니라 35원을 더 준다는 말이다. 그리고 만약 추측이 틀린다면 1원만 잃게 된다.

[그림 4-1] 룰렛

룰렛은 38개의 칸으로 되어 있으니 게이머가 구슬이 어느 칸에 들어갈지 맞힐 확률은 $\frac{1}{38}$이다. 확률은 수학적 개념이다. $\frac{1}{38}$의 확률이 어떤 의미인지 자세히 설명하기 위해서 우리는 게이머가 아주 많이 게임을 진행했다고 가정하고 그의 추측 결과가 정확한지에 대해 통계를 진행하겠다. 게이머의 추측은 맞거나 틀리다. 그래서 게이머의 추측이 맞거나 틀린 경우를 일일이 다음과 같이 나열해 볼 수 있다.

틀림 **맞음** 틀림 틀림 틀림 틀림 **맞음** 틀림 **맞음** 틀림 **맞음** 틀림 **맞음** 틀림 틀림 틀림 틀림 틀림 틀림 틀림 틀림 틀림 틀림 틀림 틀림 틀림 틀림 틀림 틀림 틀림 틀림 틀림 틀

림 틀림 틀림 틀림 틀림 틀림 틀림 틀림 틀림 틀림……

이런 결과는 단지 일부분일 뿐이다. 게이머가 게임을 충분히 많이 진행(예를 들어 1만 회)한다고 했을 때 1만 회 중에 '맞음'의 횟수를 통계해 보면 전체 횟수에서 차지하는 비율이 $\frac{1}{38}$에 상당히 근접한다는 것을 발견할 수 있다. 즉, $10000 \times \frac{1}{38} \fallingdotseq 263$(회)이다. 이것이 $\frac{1}{38}$이란 확률이 실질적으로 담고 있는 의미이다.

주의할 점은 앞의 방법은 사실상 추측이 '맞음'일 빈도를 통계낸 것이라는 점이다. 다시 말해서 시행횟수가 충분히 많은 상황에서 '어느 결과가 출현하는 빈도(상대도수)'는 '해당 결과의 확률'과 같다.

통계학에서 이를 **'큰 수의 법칙'**이라고 한다. 통계학의 기초인 큰 수의 법칙은 **어떤 사건의 시행 횟수가 충분하다면 해당 사건의 어느 한 결과의 출현 빈도(상대도수)가 그 확률과 같다는 것이다.**

여기서 우리는 큰 수의 법칙이 성립되기 위해서는 '시행 횟수가 충분해야 한다'라는 조건이 만족되어야 한다는 점에 주목해야 한다. 시행 횟수가 충분히 많아야만 통계낸 빈도가 확률과 같을 수 있다. 즉, 시행 횟수가 많을수록 상대도수가 확률에 더욱 가까워지는 것이다.

그렇다면 이제 게이머의 게임 횟수가 충분히 많다는 가정하에 수익 상황을 살펴보도록 하자. 게이머가 매번 1원을 걸고 게임 1만 회를 진행했다고 가정하면 확률에 근거해 그의 추측이 맞을 횟수는 263회 정도이다. 매번 추측이 맞을 때마다 36원을 얻으니까 1만 회

게임을 진행했을 경우 수익은 대략 $263 \times 36 = 9468$(원)이다. 그리고 그가 총 1만 원을 투입해서 잃은 금액은 대략 500원이다.

여기서 500원이 **안정적 손실이라는 점을 주목**해야 한다. 왜냐하면 게임 횟수가 많다면 추측이 맞을 확률은 $\frac{1}{38}$에 상당히 근접해진다. 이 확률에서 매번 게임마다 1원을 걸었다면 $\frac{1}{38}$의 확률로 36원을 얻을 수 있으니 평균 매번 게임마다 입는 손실은 다음과 같다.

$$1 - \frac{36}{38} = \frac{1}{19}(\text{원})$$

이것이 '도박을 오래 하면 패가망신하는' 수학적 원리이다.

우리는 게임을 설계할 때 도박장 운영자가 자신의 성공 확률을 게이머보다 높게 설정했다는 것을 알 수 있다. 이러한 우위는 일반적으로 5%~10%로 매우 작다. 하지만 이처럼 작은 확률적 우위를 가볍게 봐서는 안 된다. 도박장 운영자는 이러한 확률적 우위를 가진 상황에서 판돈을 거는 횟수를 늘릴 수 있다. 그래서 큰 수의 법칙을 기반으로 도박 운영자는 안정적으로 돈을 벌 수 있는 것이다.

그렇다면 게임 횟수가 많지 않은데도 큰 수의 법칙이 적용되는 이유는 뭘까?

우리는 개인이 게임을 하는 횟수가 많지 않더라도 도박장에서 게임을 하는 사람이 매우 많다는 사실에 주목할 필요가 있다. 도박장 운영자는 단 한 사람과 게임을 하지 않는다. 도박장에 온 모든 사람과 게임을 하는 만큼 확률상 모든 사람의 게임을 계산해야 한다. 이렇게 모든 게임 횟수를 더하면 큰 수의 법칙이 적용될 수 있다.

이를 통해서 우리는 도박장에서 가장 환영받는 사람은 매일 같이 오는 도박 중독자라는 것을 알 수 있다. 이 밖에도 도박장은 갖은 방법을 동원해 게임 횟수를 늘리려 한다.

더욱더 영리해진 인형 뽑기 기계

큰 수의 법칙은 도박장이 안정적으로 수입을 올리는 데 이용될 뿐만 아니라 다른 업종의 상업에서도 이용된다. 그중에서 우리는 인형 뽑는 기계를 살펴보려고 한다.

나도 대학생 시절 인형 뽑기를 해 본 적이 있다. 지금의 기계는 세 발 집게가 달려 있지만 당시에는 두 발 집게가 달려 있었고, 인형을 잡는 것만 성공하면 대부분 꺼낼 수 있었다. 그래서 인형을 얼마나 뽑을 수 있느냐는 뽑는 사람의 기술로 결정되었다. 정확한 위치에 집게를 내릴 줄 아는 사람은 인형을 한 무더기 뽑아내는 것도 어렵지 않았다. 나도 어느 날 저녁에 어느 상점에서 1시간 정도 인형 뽑기를 해서 한 봉지에 가득 담길 만큼 인형을 뽑은 적이 있다.

하지만 최근 몇 년 동안 인형 뽑기 기계가 업그레이드되었다. 일단 두 발 집게에서 세 발 집게로 바뀌었다. 하지만 이보다 더 큰 문제는 집게의 쥐는 힘을 설정할 수 있게 되었다는 것이다. 예를 들어서 집게가 인형을 꽉 잡을 확률을 $\frac{1}{10}$로 설정해 두었다면 평균 10번 중 9번은 올릴 때 집게 힘이 부족해 인형을 떨어뜨린다는 의미이다. 인형 뽑기를 해 본 사람이라면 집게 힘이 풀리면 인형을 꺼내는 게 거의 불가능하다는 것을 알 것이다.

이처럼 확률을 설정할 수 있다는 것은 혁명적인 일이다. 왜냐하면 이것은 업체가 '게이머의 기술'이라는 제약에서 벗어나 직접 확률적 측면에서 게이머와 게임을 할 수 있다는 것을 의미하기 때문이다.

한 번의 게임을 하는 데 2원이 필요하고 인형 1개당 가격이 10원이며 집게가 꽉 잡을 확률이 $\frac{1}{10}$로 설정되어 있다고 가정해 보자. 이때 게이머는 한 판을 할 때마다 평균 1원을 잃게 된다. 이것을 큰 수의 법칙에 근거해 보면 게이머가 게임을 한 횟수가 많을수록 실제 상황은 이 평균 손실에 근접해진다.

우리는 인형 뽑기 운영자도 '확률적 우위'와 '큰 수의 법칙'을 이용하고 있다는 것을 알 수 있다. 참여하는 사람이 많기만 하다면 인형 뽑기 운영자는 실패할 수 없다. 최소한 나는 이런 변화를 실감하고 있다. 최근 10년 동안 인형 뽑기 성적이 그 이전만큼 좋지 못하니 말이다.

도박장과 인형 뽑기 기계의 예를 통해 직장과 일상생활에 도움이 되는 교훈을 얻을 수 있었다.

첫째, 노력을 통해 자신의 기초 확률을 높여라. 이 점은 아주 명확하다. 기초 확률은 목표를 달성하는 핵심이자 결정적인 요소이다.

둘째, 만약 어떤 일을 달성하려는데 기초 확률이 비교적 크다면 횟수를 늘리는 것은 가장 좋은 방법이 될 수 있다. 이때 필요한 것은 최대한 반복해서 횟수를 늘리는 것이다.

예를 들어서 1인 미디어를 운영하면서 폭발적인 인기를 끌 수 있는 문장을 쓰고 싶어 한다고 해 보자. 우리는 폭발적으로 인기를 끄는 문장은 쉽게 나오지 않는다는 것을 알고 있다. 설사 문장력이 아주 높다고 해도 반드시 인기 있는 문장을 쓸 수 있는 것은 아니다. 만약 평균 100편의 문장을 썼을 때 인기를 끌 수 있는 문장 한 줄을 쓸 수 있는 실력을 갖추고 있다면 이미 상당히 높은 확률을 가지고 있으니 최대한 많이 써야 한다.

그 이유는 뭘까? 평균 100편의 문장을 써서 인기를 끌 수 있는 문장을 만들 수 있는 확률은 실제로는 일어날 수 없는 빈도이기 때문이다. 이것은 100편의 문장을 쓸 때마다 반드시 인기를 끌 수 있는 문장을 쓸 수 있다는 의미가 아니다. 큰 수의 법칙에 근거해 보면 충분히 많은 문장을 쓴 상황에서 빈도는 비로소 확률과 같아진다. 그러니 2,000편의 문장을 썼다면 대략 그중에서 20편이 인기를 끌 수 있는 문장이라는 것이다. 100편의 문장을 썼는데 인기를 끄는 문장이 한 편도 나오지 않았다고 해서 낙심할 필요는 없다. 큰 수의 법칙에 근거해 보면 이건 정상적인 상황으로 인기를 끌 문장을 쓸 확률이 1%도 되지 않는다는 의미가 아니다. 계속 꾸준히 써서 수준이 기준에 도달한다면 큰 수의 법칙의 도움을 받을 수 있다.

창업도 마찬가지다. 일반적으로 창업은 성공할 확률이 아주 낮지만 출중한 능력과 자본을 가지고 있다면 성공 확률이 일반인보다는 높아진다. 예를 들어 창업에 성공할 확률이 $\frac{1}{3}$이나 된다고 가정해 보자. 이것은 창업을 3번 하면 1번은 성공한다는 의미가 아니다. 큰 수의 법칙을 통해 우리는 창업 횟수가 일정 값에 도달해야 확률이 비로소 현실에 반영된다는 것을 알고 있다.

주변에 능력이 있음에도 연거푸 창업에 실패하는 사람들을 볼 수 있다. 우리는 백전백패하는 이들을 보고 비웃어서는 안 된다. 여러 차례 실패를 거듭했다고 해서 그들의 성공 확률이 낮다는 의미는 아니다. 많이 도전할수록 큰 수의 법칙의 도움을 받을 수 있으니 말이다.

셋째, 만약 자신의 기초 확률이 경쟁자보다 낮다면 다음과 같은 관점을 가져야 한다.

먼저 자신의 기초 확률을 높일 수 있는지 살펴본다. 만일 불가능하다면(예를 들어 자신이 도박장 게이머일 경우) 해당 게임에 참여하지 말고 확률상 자신에게 유리한 다른 장소로 이동하는 게 가장 좋다.

오차를 최소화하기 위한
중용의 지혜

양 끝을 잡고 중용을 실천하라

공자는 중국 고대 황제인 순임금을 매우 숭상했다. 『대학^{大學}』「중용」에서 공자는 이렇게 말했다.

"순임금은 크게 지혜롭다! 순임금은 묻기를 좋아하고 통속적인 말도 살피길 좋아했다. 악함을 숨기고 선함을 드러내며 그 양 끝을 잡아 그 가운데를 백성에게 사용했다. 그래서 순임금이 된 것이다^{舜其大}

^{知也與! 舜好問而好察邇言, 隱惡而揚善, 執其兩端, 用其中於民. 其斯以爲舜乎}!"

공자는 여기서 순임금의 정책 결정 방식을 언급했다. 간단하게 말해서 순임금은 먼저 각종 여론과 의견을 취합해 듣고('묻기를 좋아하고 통속적인 말도 살피길 좋아했다') 두 가지 또는 여러 가지 주장을 파악해 그 중간에서 해결 방안을 찾았다('그 양 끝을 잡아 그 가운데를 백성에게 사용했다').

이 문장에서 가장 지혜로운 구절은 '그 양 끝을 잡아 그 가운데를 백성에게 사용했다'라는 부분이다. 이것이 바로 '양 끝을 잡고 중용을 실천하는 것'이다. 공자는 이런 사고방식을 매우 중요하게 생각했는데,『논어論語』「자한子罕」에는 해당 사고를 다룬 내용이 있다.

"내가 아는 지식이 있는가? 사실 아는 게 없다. 하지만 촌사람이 나를 찾아와 물으면 그가 말하는 문제에 대해 아는 지식이 없더라도 문제의 양 끝을 헤아려 답을 찾아준다吾有知乎哉? 無知也, 有鄙夫問於我, 空空如也, 我叩其兩端而竭焉." 여기서 "양 끝을 헤아려"라는 것은 앞에서 언급한 사고와 비슷하다.

『논어』「위정」에서 공자는 "다른 의견을 부정하고 비판하면 해로울 뿐이다攻乎異端, 斯害也已"라고 말했다.

'양 끝을 잡아 그 가운데를 사용한다', '양 끝을 묻는 것을 다한다', '이단에 주력하면 해로울 뿐이다'라는 말에는 공통된 한 가지 지혜가 담겨 있다. 바로 **우리는 각종 다름을 이해할 필요가 있다는 것이다. 서로 반대되는 의견 속에서 새로운 방법이 제시되고, 서로의 의견을 취합하는 과정에서 최종 방안을 얻을 수 있으니 말이다.**

공자는 이런 관점을 최대한 활용했다. 예를 들어서 그는 도가道家와 법가法家 사상이 나라를 다스리기에 너무 관대하거나 너무 엄격한 두 가지 극단이라고 보았다. 그래서 "정치가 관대하면 백성이 태만해지고, 태만해지면 사나움으로 바로잡아야 한다. 사나워지면 백성이 다치게 되니 다치면 관용을 베풀어야 한다. 관용으로 사나움을 보좌하고 사나움으로 관용을 보좌해야 정치가 조화롭다政寬則民慢, 慢則糾之以猛. 猛

則民殘, 殘則施之以寬. 寬以濟猛, 猛以濟寬, 政是以和"라고 말했다. 여기서 정치의 핵심은 관대함과 엄격함의 중간을 지키는 데 있다. 공자는 이처럼 관대함과 엄격함 중 어느 한쪽에 치우치지 않는 상태를 '조화和'로 보았다.

'양 끝을 잡고 중용을 실천하는 것'은 우리에게 문제를 해결할 때 양극단을 파악해 중간에서 해결 방안을 찾아야 비로소 상도常道를 얻을 수 있다는 것을 알려준다. 그리고 이러한 관점은 '과유불급過猶不及'과 같은 고사성어를 통해서 이미 사람들에게 깊은 영향을 끼치고 있다.

예를 들어 2021년 초 신종 코로나바이러스 전파를 어느 정도 통제할 수 있게 되었을 때 업무에 복귀하고 일상을 회복하는 게 중요하다고 주장하는 쪽과 방역이 우선이라고 주장하는 쪽이 팽배하게 맞섰다. 사실 여기서 업무 복귀와 일상 회복을 주장하는 쪽이 급진적이라면 방역을 강조하는 쪽은 보수적인 만큼 '양 끝을 잡고 중용을 실천하는 것'이 중요하다. 즉, 대유행이 일어나지 않도록 방역을 철저히 하면서 업무에 복귀하고 일상을 회복해야 하는 것이다. 우리는 수학적 개념인 '최소제곱법'을 통해서 '중용'의 지혜를 살펴볼 수 있다. 최소제곱법을 설명하려면 먼저 연립 방정식을 다루어야 한다.

해가 없는 연립 방정식은 정말 풀 수 없는 걸까?

우리는 앞에서 한 우리에 있는 꿩과 토끼 문제를 통해 연립 방정식을 다루었다. 이러한 유형의 연립 방정식은 해가 유일하다. 하지만 현실에는 다른 상황도 존재한다. 바로 연립 방정식이 모든 방정식을 만족시킬 수 있는 해를 찾지 못하는 경우이다. 만약 한 물체의 길이를 정확하게 알고 싶다면 여러 번 측정한 뒤에 평균값을 구하면 된다. 이렇게 여러 번 측정하는 과정이 바로 연립 방정식을 세우는 과정이다.

예를 들어서 우리가 어떤 물체의 길이를 네 차례 측정했는데, 길이가 각각 24.11cm, 24.05cm, 24.13cm, 24.12cm였다고 해 보자. 방정식의 관점에서 모든 측정이 해당 물체의 길이(로 가정)를 직접 측정한 것이므로 4차례의 측정은 변수 x에 관한 연립 방정식으로 세울 수 있다.

$$\begin{cases} x = 24.11 \\ x = 24.05 \\ x = 24.13 \\ x = 24.12 \end{cases} \tag{5.1}$$

하지만 이 연립 방정식에서 모든 방정식을 동시에 만족시킬 수 있는 해 x를 찾을 수 없다. 또 다른 예로는 학창 시절, 물리 수업 시간에 다루었던 용수철의 탄성계수를 측정하는 방법이다. 용수철의 탄성계수를 알고 싶다면 용수철 끝에 무게가 각기 다른 물체를 매단 뒤 용수철이 늘어나는 길이를 측정하면 된다. 훅의 법칙$^{Hooke's\ law}$에 근거해 보면 용수철의 탄성계수 k, 가해지는 질량 m, 스프링이 늘어나는 길이 Δl의 관계는 다음과 같다.

$$mg = k\Delta l \qquad\qquad (5.2)$$

여기서, g=9.8m/s²는 중량 가속도이다.

한 번의 실험만으로도 이를 확인할 수 있다. 질량 m인 물체를 달아 용수철이 늘어나는 길이 Δl을 측정한 뒤 $k = mg/\Delta l$에 근거해 용수철의 탄성계수 k를 구할 수 있다. 하지만 일반적으로 길이와 질량의 측정에는 오차가 존재한다. 그래서 용수철의 정확한 탄성계수를 얻기 위해서는 여러 차례 서로 다른 질량의 물체를 달아 용수철이 늘어나는 길이를 측정할 필요가 있다. [그림 5-1]에는 다섯 가지 종류의 서로 다른 질량의 물체에 대한 용수철이 늘어나는 길이가 표시되어 있다.

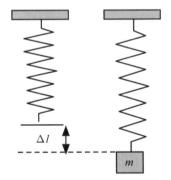

질량/kg	늘어난 길이/cm
0.5	2.00
1.0	3.90
1.5	6.10
2.0	7.88
2.5	10.00

[그림 5-1] 용수철의 탄성계수 찾기

연립 방정식의 관점에서 이 다섯 번의 측정은 변수 k에 대한 연립 방정식으로 나타낼 수 있다.

$$\begin{cases} 0.02k & = 0.5 \times 9.8 \\ 0.039k & = 1.0 \times 9.8 \\ 0.061k & = 1.5 \times 9.8 \\ 0.0788k = 2.0 \times 9.8 \\ 0.1k & = 2.5 \times 9.8 \end{cases} \tag{5.3}$$

이 연립 방정식을 다시 정리하면 다음과 같다.

$$\begin{cases} k = 245.00 \\ k = 251.28 \\ k = 240.98 \\ k = 248.73 \\ k = 245.00 \end{cases} \tag{5.4}$$

우리는 이를 통해서 해당 연립 방정식도 해가 없다는 것을 쉽게 알 수 있다.

이상의 연립 방정식은 모두 하나의 변수를 포함하고 있는데, 이어서 여러 변수를 포함한 연립 방정식의 예를 살펴보도록 하자.

어떤 회사의 1~6월 동안 한 달 순이익이 각각 10, 11, 15, 19, 20, 25(화폐 단위는 만원)이었다고 가정해 보자. 우리는 매월의 이윤을 [그림 5-2a]처럼 월별로 표시해 볼 수 있다. 해당 회사의 하반기 매달 이윤을 예측하려 한다면 상반기 매달 이윤을 근거로 모델을 만든 뒤 그것을 근거로 예측해 보는 방법이 있다.

[그림 5-2a]를 통해서 해당 회사의 상반기 이윤이 매달 안정적으로 상승했다는 것을 알 수 있다. 그림에서 매달 이윤을 표시한 점들이 한 직선상에 있는 것 같다.

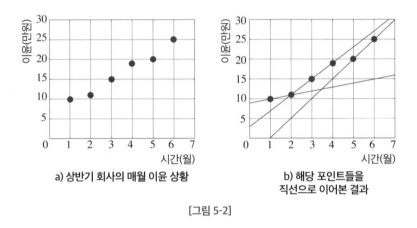

a) 상반기 회사의 매월 이윤 상황   b) 해당 포인트들을
직선으로 이어본 결과

[그림 5-2]

이제 직선의 구체적인 표현식을 찾으면 다음과 같다.

$$y = kx + b$$

여기서 두 개의 미정 계수 k, b가 포함되어 있고 x는 월, y는 대응하는 월 이윤이다. (x, y)는 [그림 5-2]에 표시된 점들로 그 좌표는 각각 (1, 10), (2, 11), (3, 15), (4, 19), (5, 20), (6, 25)이다.

간단하게 말해서 우리는 [그림 5-2a]의 여섯 개 점에 근거해 두 개의 미정 계수 k, b를 찾을 수 있다. 이는 2개의 미지수를 가지는 연립 방정식으로 나타난다.

$$\begin{cases} k+b=10 \\ 2k+b=11 \\ 3k+b=15 \\ 4k+b=19 \\ 5k+b=20 \\ 6k+b=25 \end{cases} \tag{5.5}$$

이 연립 방정식도 해가 없다는 것을 알 수 있다. 한 쌍의 해 (k, b) 가 동시에 6개의 방정식을 만족시킬 수 없기 때문이다. 만약 한 쌍의 해가 6개의 방정식을 모두 만족시킬 수 있다면 해당 직선은 6개의 점을 동시에 지나갈 수 있어야 한다. 하지만 [그림 5-2b]에서처럼 한 직선이 몇 개의 점만 지나갈 뿐 모든 점을 지나가는 직선은 찾을 수 없다.

아마 공학을 전공한 사람이라면 앞의 세 가지 예에서처럼 **연립 방정식이 해가 없는 상황은 실제로 자주 출현한다는 것을 알고 있을 것이다. 평범한 상황이든 중요한 상황이든 연립 방정식이 해가 있는 상황보다 해가 없는 상황이 훨씬 많다.**

이런 상황이 자주 출현하는 이유는 실제 응용 과정에서 다음과 같은 문제에 부딪히는 일이 많기 때문이다. 즉, 어느 한 쌍의 해 $X=(x_1, ..., x_n)$의 값을 알기 위해서는 여러 각도에서 X를 관측해야 한다. 매번 관측할 때마다 X에 관한 방정식이 생겨나는데, 잡음의 영향을 제거하기 위해서 관측 횟수가 X에 포함된 미지수의 개수보다 훨씬 많아지는 경우가 많다.

이때 연립 방정식은 일반적으로 해가 없다. 즉, 모든 방정식을 완전하게 만족시키는 X는 존재하지 않는다. 그렇다면 이런 상황에서 우리는 어떻게 해야 할까?

첫 번째 해결 방안은 일부 방정식을 제거하는 것이다. 예를 들어서 연립 방정식(5.5)에서 2개의 미정계수 k, b가 있으므로 우리가 연립 방정식 중에서 무작위로 4개의 방정식을 제거하기만 하면 한 쌍의 해 (k, b)를 완전히 만족하는 남은 2개의 방정식을 찾을 수 있다.

예를 들어서 연립 방정식(5.5)에서 마지막 4개의 방정식을 제거할 경우 얻어지는 연립 방정식은 다음과 같다.

$$\begin{cases} k+b=10 \\ 2k+b=11 \end{cases} \tag{5.6}$$

이렇게 하면 두 개의 방정식을 만족시키는 한 쌍의 해, 즉 $k=1$, $b=9$를 쉽게 찾을 수 있다. 이런 방법은 연립 방정식(5.1)과 연립 방정식(5.4)의 해를 찾는 데 도움이 된다. 하지만 이런 방식이 좋은 걸까? 가장 좋은 해를 얻기 위해 어느 방정식을 남겨야 하는지 어떻게 알 수 있을까?

예를 들어 설명해 보겠다. 만약 연립 방정식의 모든 방정식이 하나의 관점에 해당한다면 연립 방정식의 해는 이러한 관점의 교집합에 해당한다. 관점의 교집합을 찾지 못하는 경우가 많은 게 정상이다. 그리고 우리가 일부 방정식을 제거해서 남은 방정식을 만족시킬 수 있는 해를 찾는 행위는 일부 관점을 무시해서 남은 관점의 교집합을 찾는 것과 같다.

이처럼 일부 관점을 완전히 무시해서 해결 방안을 찾는 것을 공자는 "이단에 주력하면 해로울 뿐이다"라고 하였다. 그렇다면 어떻게 해야 할까?

만약 연립 방정식의 모든 방정식을 동시에 만족시킬 수 있는 해가 존재하지 않는다면 공학자와 과학자들은 일반적으로 '**모든 방정식의 평균 오차를 최소화하는 해**'를 찾는다. **이것이 바로 두 번째 해결 방안이다.**

연립 방정식(5.5)을 예로 확인해 보자. 현재 우리의 목표는 한 쌍의 해 (k, b)를 찾아 이 해 (k, b)를 모든 방정식에 대입해 방정식의 좌변과 우변의 오차를 전체적으로 최소화하는 것이다. 이 해를 구하기 위해서 우리는 하나의 목표 함수 $J(k, b)$를 정의해야 한다. 이 함수의 표현식은 다음과 같다.

$$J(k, b) = (k+b-10)^2 + (2k+b-11)^2 + (3k+b-15^2) \\ + (4k+b-19)^2 + (5k+b-20)^2 + (6k+b-25)^2 \tag{5.7}$$

연립 방정식(5.7)에서 등식 우변의 첫 번째 항은 연립 방정식(5.5)에서 첫 번째 방정식 $k+b=10$의 좌우변 편차의 제곱이라는 점에 주목해야 한다. 뒤의 모든 항은 연립 방정식의 어느 하나의 방정식에서 좌우변 편차의 제곱이다. 우리의 목표는 한 쌍의 해 (k, b)를 찾아 이 함수 $J(k, b)$를 최적화하는 것이다.

이 한 쌍의 최적의 해를 어떻게 찾을지는 미적분에 대한 지식이 조금은 있다면 최적의 (k, b)는 마땅히 J의 (k, b)에 관한 편도함수가 0이 되는 것을 만족해야 한다는 것을 알 수 있다.

$$\begin{cases} \dfrac{\partial J}{\partial k} = 0 \\ \dfrac{\partial J}{\partial b} = 0 \end{cases}$$

위 연립 방정식에 근거해 우리는 최적의 $k=3$, $b=6.1$을 얻을 수 있다. [그림 5-3]에서 이 점선은 해당 조합에서 최적의 결과이다.

$$y = 3x + 6.1$$

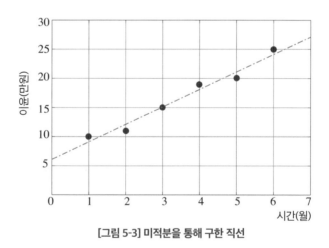

[그림 5-3] 미적분을 통해 구한 직선

[그림 5-3]에서 직선이 모든 점을 지나지는 않지만 평균적인 의미에서 모든 점에 가장 근접한다는 것을 알 수 있다. 이 해는 연립 방정

식에서 오차의 제곱합을 최소화해준다. 이것이 바로 '최소제곱법'의 함의이다.

앞에 등장한 물체의 길이를 측정하는 예로 돌아가 최소제곱법을 활용해 연립 방정식(5.1)에 대한 해를 찾을 수 있는지 살펴보도록 하자. 최소제곱법의 규칙에 따르면 우리는 목표 함수 $J(x)$의 표현식을 다음과 같이 정의할 수 있다.

$$J(x) = (x-24.11)^2 + (x-24.05)^2 + (x-24.13)^2 + (x-24.12)^2 \quad (5.8)$$

최적의 해 x는 $J(x)$ 도함수가 0이 되는 것을 만족해야 하므로 $\frac{dJ}{dx}$=0에 근거해 다음과 같이 쓸 수 있다.

$$2(x-24.11) + 2(x-24.05) + 2(x-24.13) + 2(x-24.12) = 0 \quad (5.9)$$

따라서 x는 다음과 같다.

$$x = \frac{24.11 + 24.05 + 24.13 + 24.12}{4}$$

이것이 우리에게 익숙한 '여러 차례 측정해 평균값을 구하는 방법'이다. 우리는 최소제곱법을 사용해 여러 차례 측정해 얻은 평균값의 결과를 유추해낼 수 있다. 바꿔 말하자면 여러 차례 측정해 얻은 평균값은 **최소제곱법을 사용해 찾은 어떤 특수한 연립 방정식의**

해이다.

　수학자들은 최소제곱법을 통해 찾아낸 해가 앞에서 설명한 일부 방정식을 완벽하게 만족시키는 해보다 실제 상황에 더욱 가깝다는 것을 이론적으로 증명해냈다.

오차를 최소화하기 위한 중용의 기법

　최소제곱법이 전체의 오차를 최소화하게 하는 것은 앞에서 등장한 '양 끝을 잡고 중용을 실천하는 것'이라 할 수 있다. **'양 끝을 잡고 중용을 실천하는 것'**은 다양한 요구를 만났을 때 극단으로 향하지 말고 그 가운데를 파악해 바름을 지키고 여러 이익을 가늠해 다양한 요구 사이에서 균형을 찾아야 한다는 점을 알려준다.

　만약 연립 방정식의 해가 없다면 우리에게는 두 가지 선택이 있다.

　첫 번째 선택은 **일부 방정식을 완전히 만족시킬 수 있는 해를 찾는 것이다.** 이 해는 일부 방정식을 완전히 만족시킬 수 있지만, 기타 방정식에서 방정식 좌우 양변의 오차가 비교적 크다.

　두 번째 선택은 **모든 방정식의 평균 오차를 최소화하는 해를 찾는 것이다.** 최소제곱법을 통해서 얻은 해는 모든 방정식을 만족시키지는 못하지만 모든 방정식의 좌우 양변의 오차가 너무 크지는 않다. 그러니 **최소제곱법은 방정식의 해를 구할 때 '양 끝을 잡고 중용을 실천하는 것'**이라 할 수 있다.

이론상에서든 실천에서든 두 번째 선택으로 구한 해가 더 좋다.

'일부 방정식에 대한 완벽한 해'와 '모든 방정식에 대한 불완전한 해'는 두 가지 서로 다른 사고방식을 대표한다. 우선 첫 번째 사고방식을 가진 사람은 '편협'하다는 특징이 있다. 그래서 어떤 이치든 자신의 관점과 완벽하게 일치해야만 받아들인다. 이런 사람은 자신이 옳다고 판단한 이치가 실제로는 그렇지 않더라도 신경 쓰지 않는다. 자신이 옳다고 생각하는 것만 받아들이고 이와 충돌하는 관점은 무엇이든 문제가 있다고 단정 짓고 받아들이지 않는 것은 완벽주의가 가진 문제점이다. 이것을 방정식으로 표현해 보면 연립 방정식 중 일부 방정식만 다루고 다른 방정식을 무시하거나 아예 삭제한 채 '연립 방정식에 유일한 해'가 있다는 신념을 갖는 것이다.

반면 두 번째 사고방식을 가진 사람은 이 세계가 불완전하다는 것을 받아들이고 사람마다 각자 다른 관점과 사고방식을 가지고 있다는 것을 인정한다. 그래서 일을 할 때 여러 방면을 참고해 균형을 유지하고 각종 방면의 이익을 고려해 조화를 이루려 하지 극단으로 치우치지 않는다. 이것은 본질적으로 '양 끝을 잡고 중용을 실천하는 것'이다.

최소제곱법은 연립 방정식의 모든 방정식을 완벽하게 만족시킬 수 있는 해가 없다는 전제하에서 모든 방정식의 균형을 이룰 수 있는 해를 찾는 것이다. 최소제곱법에 담긴 사고는 중용의 지혜와 일맥상통한다. 바로 세계는 불완전하다는 점을 받아들이고 어느 한쪽으로 치우치지 않고 다양한 방면 사이에서 균형을 찾아 양 끝을 잡고 중용을 실천하는 것이다.

세계는 본질적으로 불완전하다. 그러니 우리는 부분적으로 완벽한 것을 추구하기보다는 불완전하다는 사실을 받아들이고 여러 방면의 이익을 두루 고려해 최적의 균형점을 찾아야 한다.

오히려 약이 되는
시행착오의 즐거움

문제를 해결하는 두 가지 사고

사람들은 문제 해결, 제품 개발, 프로젝트 완성 등 다양한 일에서 주로 두 가지 전형적인 모델을 사용한다.

첫 번째 모델은 문제의 해결 방안을 몇 단계로 나누어 단계에 따라 하나씩 완성하는 것이다. 이 모델은 '코끼리가 냉장고에 들어가려면 몇 단계가 필요할까?'라는 퀴즈와 유사한 점이 있다. 이 퀴즈의 답은 3단계이다. 냉장고 문을 열고, 코끼리가 들어가고, 냉장고 문을

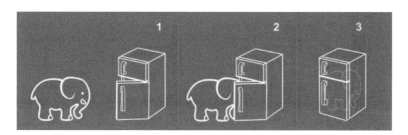

[그림 6-1] 코끼리가 냉장고에 들어가는 3단계

닿는다[그림 6-1].

　해당 모델은 단계마다 완벽함을 추구하며 전체 과정이 끝나야 비로소 원하는 결과를 얻을 수 있다. 그래서 **'모든 단계에서 완벽을 추구'**하는 모델이라 할 수 있다.

　학창 시절 교과서를 공부할 때는(특히 수학과 이과 과목을 공부할 때) 주로 '모든 단계에서 완벽을 추구'하는 모델을 사용한다. 교과서의 첫 번째 장부터 시작해 모든 개념을 명확하게 파악하고 배운 내용을 연습한 뒤에 다음 장으로 넘어간다. 그렇게 모든 장의 개념을 명확하게 이해하면 책 전체를 완전하게 공부할 수 있다[그림 6-2].

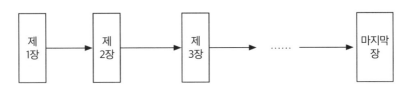

[그림 6-2] '모든 단계에서 완벽을 추구'하는 학습 모델

　두 번째 모델은 모든 단계마다 최적화를 이루려 하지 않고 신속하게 전체 과정을 끝낸 뒤 그것을 바탕으로 다시 반복하는 것이다. 그렇게 여러 차례 반복하면서 매번 이전보다 더 잘하려고 노력하면 좋은 결과를 얻을 수 있다. 즉, **'반복 수정을 통해 완성도를 높이는'** 모델이다.

　공부를 예로 들어보면 '모든 단계에서 완벽을 추구'하는 모델과 달리 '반복 수정을 통해 완성도를 높이는' 모델[그림 6-3]은 각 장을 차례대로 완벽하게 파악하는 것을 요구하지 않는다. 그래서 책을 읽을 때 신속하게 전체 주제를 파악하기 위해 노력하는 반면 차례대로 모든 개념을 철저하게 이해하려 하지 않는다. 처음에 읽을 때는 신속하게 전체 주제를 파악하고 두 번째로 읽을 때는 처음 읽었을 때 이해하지 못했던 내용을 중점적으로 본다. 이렇게 책 전체를 자세히 파악할 때까지 여러 차례 반복해서 읽는 것이다.

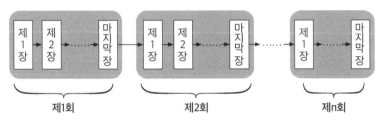

[그림 6-3] '반복 수정을 통해 완성도를 높이는' 학습 모델

이 두 가지 모델은 두 가지 관점을 대표하며 많은 영역에서 응용되고 있다. 여기서는 그중 몇 가지 예를 들어보도록 하겠다.

함수의 극한값을 찾는 두 가지 방법

예를 들어서 함수 $y=-x^2+2x$의 극한값을 찾고자 한다면 일반적으로 두 가지 방법이 있다.

방법 1 : 미분법

함수의 극한값을 구하는 일반적인 방법 중 하나는 해당 함수에 대한 도함수를 구하고 다시 도함수가 0이 되게 하는 것이다. 이렇게 하면 함수의 독립변수에 관한 방정식을 세울 수 있고, 방정식의 해는 해당 함수의 극한값의 위치이다.

앞에 등장한 함수 $y=-x^2+2x$의 경우 해당 함수의 도함수는 다음과 같다.

$$y' = -2x+2$$

도함수가 0이 되게 한다.

$$-2x+2=0$$

이 방정식의 해 $x=1$은 해당 함수의 극한값의 위치이다. 이와 같은 방법으로 얻은 독립변수의 값을 해당 문제의 해석적 해^{Analytical} ^{Solution}라고 부른다. 우리는 '미분법'을 사용해 함수의 극한값을 찾는 과정을 아래와 같이 세 단계로 나누어 볼 수 있다.

첫 번째 단계: 주어진 함수에 대한 도함수를 구한다.
두 번째 단계: 도함수를 0으로 만든다.
세 번째 단계: 해당 방정식의 해를 찾는다.

모든 단계에서 오류없이 세 단계를 거치면 최종적으로 해를 얻을 수 있다. 이처럼 미분법은 앞에서 소개한 '모든 단계에서 완벽을 추구'하는 관점이다.

하지만 함수의 극한값을 구할 때 미분법은 자주 사용하지 않는다. 그 이유는 미분법에는 제한되는 부분이 많기 때문이다. 예를 들어서 미분법은 함수의 표현식을 알아야 하고, 그 표현식은 비교적 단순해야 한다. 또 도함수를 구하려면 모든 점에서 미분이 가능해야 한다. 하지만 실제 응용에서 함수의 표현식이 아주 복잡한 경우가 많고 심지어 표현식을 얻을 수 없는 경우도 있다. 또 반드시 미분 가능한 조건을 만족시키지 않는 경우도 있어 미분법을 통해서 극한값을 찾기란 쉽지 않다. 이 때문에 더 실용적인 방법이 필요하다.

방법 2 : 수치 해법

우리는 [그림 6-4]를 사용해 수치 해법의 핵심 관점을 해석해 볼수 있다. [그림 6-4]에서 곡선은 함수 $y=f(x)$의 이미지이다. 우리는 이 함수의 최댓값의 위치(회색 점이 위치한 곳)를 찾아야 한다.

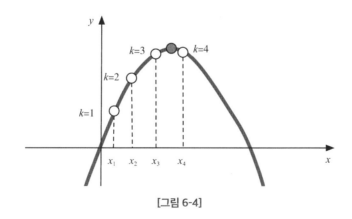

[그림 6-4]

수치 해법을 찾는 것은 구체적으로 다음 몇 가지 단계가 있다.

첫 번째 단계($k=1$): 임의로 x값을 정한다. 정한 값을 x_1이라고 하면 이 값으로 운 좋게 최댓값의 위치를 추측하는 것은 거의 불가능하다. 하지만 상관없다. 우리가 x_1을 추측할 때 x_1 부근에서 계산하게 되므로 x가 증대됨에 따라 y는 커지거나 작아진다. 여기서는 x_1 부근에서 x의 값이 커지면 y값도 커진다. 이는 만약 x_1이 커진다면 더 큰 y를 얻을 수 있다는 의미이다.

두 번째 단계($k=2$): 우리는 x_1를 기초로 x를 좀 더 큰 값으로 하여 [그림 6-4]에서 x_2의 위치를 가정할 수 있다. 마찬가지로 x_2 부근에서 x가 커짐에 따라 y는 커지거나 작아진다. [그림 6-4]에서는 여전히 커지므로 우리는 계속해서 x의 값을 키울 것이다.

세 번째 단계($k=3$): 우리는 x_2를 기초로 조금 더 값을 키워 x_3에 이를 수 있다. 상술한 방법에 따라서 여전히 x는 커진다.

네 번째 단계($k=4$): 우리는 x_3를 기초로 다시 조금 더 값을 키워 x_4에 이를 수 있다. 이때 x_4의 위치에서 x가 커지면 y가 작아진다는 것을 발견하게 된다. 이것은 x의 값을 좀 더 작게 해야 한다는 것을 의미한다.

계속해서 위의 단계를 반복하면 최적이 되는 회색 점의 위치를 얻을 수 있다.

앞의 예를 통해서 수치 해법은 한차례 시도로는 함수 최댓값의 위치를 찾을 수 없는 경우 점진적인 반복을 통해 계속 최댓값에 근접한다는 것을 발견할 수 있다. 이것은 '반복 수정을 통해 완성도를 높이는' 관점과 부합된다.

미분법과 비교해서 수치 해법은 함수의 구체적인 표현식을 알 필요가 없고 함수가 각 점에서 미분 가능일 필요도 없다. 이 때문에 과학 및 공학에서 함수의 극한값을 찾을 필요가 있을 때 대부분은 이 방법을 사용한다. 현재는 심층 신경망 영역에서도 해당 사고를 사용해 신경망의 매개변수를 훈련하고 있다.

완벽한 고집쟁이 vs 허술한 팔랑귀

제품 개발 과정에는 여러 다양한 종류의 모델이 있는데 그중에서 흔히 보는 모델은 폭포수 모델^{Waterfall Model}이다. 폭포수 모델은 제품의 개발을 수요 분석, 설계, 실현, 발표 등 여러 단계로 나눈다. 모든 단계에 상응하는 관리와 통제가 있어서 비교적 효과적으로 제품 품질을 확보할 수 있다. 폭포수 모델에서 각 단계는 정해진 순서에 따라서 이어지며 폭포가 흐르는 것처럼 점진적으로 하락한다[그림 6-5].

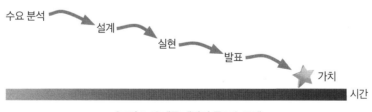

[그림 6-5] 제품 개발의 폭포수 모델

우리는 폭포수 모델이 앞에서 다룬 '모든 단계에서 완벽을 추구'하는 관점과 부합한다는 것을 알 수 있다. 제품 개발을 명확하게 몇 단계로 나눈 폭포수 모델은 이전 단계를 완벽하게 끝낸 뒤에야 다음 단계로 넘어갈 수 있고, 마지막 단계가 완성된 뒤에야 원하는 결과를 얻을 수 있다. 하지만 폭포수 모델을 사용해 제품 개발을 진행할 경우 두 가지 치명적인 단점을 갖게 된다.

첫째, 이러한 개발 과정은 소비자 수요 변화에 적합하지 않다. 폭포수 모델에서 사용자 수요는 맨 첫 단계이다. 그러므로 제품 개발 과정 중 사용자 수요에 변화가 발생한다면 전체 단계를 처음부터 다시 시작해야 한다.

둘째, 프로젝트 생명 주기에서 마지막 시기에야 비로소 결과를 볼 수 있다.

나는 인터넷에서 이것과 관련된 사례를 본 적 있다. 회사원 김씨는 축구를 무척이나 좋아했다. 하지만 항상 축구팀을 구성하는 데 애를 먹던 그는 축구 플랫폼을 만들면 좋겠다는 생각이 들었다. 사람들이 팀을 구성하거나 축구장을 예약할 수 있는 애플리케이션을 생각해낸 그는 생각할수록 해당 아이디어가 비전이 있다는 생각이 들었다. 이에 다니던 직장에서 사직하고 여러 해 동안 모아둔 돈을 투자해 개발팀을 만들었다. 그리고 수요 분석과 기능 설계를 진행해 천천히 애플리케이션 최적화를 진행했다.

연구팀은 사용자에게 완벽하게 최적화된 체험을 제공하기 위해 애플리케이션 인터페이스상에서 사용자가 축구장을 드래그해 팀을 구성할 수 있게 하는 등 아주 다양한 기능을 개발했다. 비록 이런 기능을 개발하느라 아주 큰 비용과 시간이 들었고 개발 진도도 예상보다 훨씬 느렸지만, 김씨는 꼭 필요한 과정이라고 생각했다. 그는 '완벽'한 제품이 시장에 출시된다면 소비자들이 기꺼이 결제할 것이라고 확신했다. 장장 1년 동안 개발한 끝에 김씨는 비교적 만족스러운 완벽한 애플리케이션을 만들어낼 수 있었다.

팀은 애플리케이션을 사용자가 앱스토어에서 무료로 다운받을 수 있게 하고 대대적인 광고를 추진했다. 하지만 몇 개월이 지난 뒤에도 다운 횟수는 굉장히 적었다. 실패의 원인은 지금까지도 확실치 않지만 아마도 시장 수요가 부족했거나 제품에 최적화를 진행해야 할 부분이 많았던 것으로 추정된다. 결국, 이 프로젝트는 유종의 미를 거두지 못한 채 흐지부지 끝나고 말았다.

김씨의 애플리케이션 상품 개발 모델이 바로 전형적인 '폭포수 모델'이다. 김씨가 최선을 다해 추진한 애플리케이션이 실패한 것처럼 '모든 단계에서 완벽을 추구'하는 모델로 제품을 개발할 경우 기대에 미흡한 결과가 생길 수 있다. 여기서 가장 큰 문제는 김씨가 스스로 완벽하다고 생각하는 제품을 시장에 내놓기 전까지 사용자의 반응이 어떨지 알 수 없다는 것이다. 그래서 대규모 자원, 자금, 시간을 투입해 스스로는 '대박' 애플리케이션을 개발했다고 생각했으나 막상 시장에서는 별다른 호응을 얻지 못한 것이다.

폭포수 모델에 반대되는 것은 애자일 모델$^{\text{Agile Model}}$이다. 애자일 모델의 경우[그림 6-6] 제품 개발 전체 과정이 짧은 주기로 빠르게 반복되도록 구성되어 있다. 이 경우 모든 반복에 소비 분석, 설계, 실현과 테스트 업무가 포함되어 있어 고객의 반응을 바탕으로 끊임없이 개선해 최종 요구를 달성할 수 있다.

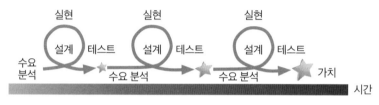

[그림 6-6] 제품 개발의 애자일 모델

오래전에 나는 동료와 함께 어느 기업 책임자와 프로젝트 협력을 주제로 대화를 나누었다. 해당 기업은 규모는 작았지만 국내에서 가장 좋은 고압 전선 자동 검측 설비를 만드는 기업 중 하나였다. 해당 기업이 제작하는 설비는 고압 전선에 걸면 실시간으로 송전선이 정상적으로 작동하는지 검측할 수 있어 시장에서 호응이 매우 좋았다. 어느 날 저녁 식사를 하는데 해당 책임자가 자신들이 추구하는 개발 관점에 대해 다음과 같이 말했다.

"저희같이 작은 기업이 제품을 개발한다는 건, 특히 과학기술을 많이 필요로 하는 제품을 개발하는 것은 쉬운 일이 아닌 만큼 단번에 성공할 수 없습니다. 그러니 가장 처음 시작할 때는 '불완전하지만 사용 가능한 제품'을 만들어 감을 잡아야 합니다. 해당 제품이 현장에 투입되면 엔지니어들이 사용해 보고 설계 초기에는 전혀 상상하지 못했던 문제들을 지적합니다. 이렇게 사용자들이 저희에게 더 많은 요구를 제시하면 저희는 그것들을 바탕으로 조금씩 개선해 나가는 겁니다. 현재 출시되는 제품은 기능이 좋지만 처음 출시되었을 때는 문제가 상당히 많았습니다."

오랜 시간이 지났음에도 나는 아직도 그의 '불완전하지만 사용가능한 제품'이란 말을 또렷하게 기억하고 있다. 이후에야 나는 이것이 '최소기능제품Minimum Viable Product, MVP'이라는 것을 알게 되었다. 엄격히 말하면 최소기능제품은 설계자가 핵심 설계 개념만 표현한 제품을 말한다. 이후 설계자는 사용자의 피드백을 통해 상황을 한층더 이해하고 계속해서 제품을 발전시켜 나간다.

우리는 애자일 모델을 활용한 제품 개발이 '반복 수정을 통해 완성도를 높이는' 관점과 부합한다는 것을 알 수 있다. 애자일 모델은 모든 단계에서 최적화를 할 필요가 없다. 신속하게 개발 과정을 완성해 최소기능제품을 출시한 뒤 해당 제품을 기초로 사용자의 피드백에 따라 개선해 나가면 된다. 이렇게 여러 번 개발 과정을 반복하면 가장 좋은 제품을 만들어낼 수 있다.

폭포수 모델과 비교해서 애자일 모델의 제품 개발은 두 가지 특출난 장점이 있다.

첫째, 애자일 모델은 개발 과정을 짧은 주기로 반복하기 때문에 사용자 수요 변화에 잘 대응할 수 있다.

둘째, 사용자에게 신속한 피드백을 얻을 수 있어 설계에서 빠뜨린 요소들을 찾아내 제품에 빠르게 적용할 수 있다.

현재 아주 성공적인 기업(특히 IT기업)의 경우 제품 출시 모델이 거의 '애자일 모델'에 근거하고 있다. 짧은 주기로 빠르게 반복하며 '오랜 시간 갈고 닦아' 제품을 완성한다.

그러니 한 번에 좋은 제품을 개발할 수 있다고 생각해서는 안 된다. 빠르게 반복하는 방식을 통해서 제품을 발전해 나가려면 모든 주기가 짧고 신속하게 이뤄져야 한다. 처음에는 불완전하더라도 반복을 통해서 점진적으로 완벽에 가까워져야 한다. 매일 한두 가지 작은 문제를 발견해 수정하면 제품의 완성도를 빠르게 높일 수 있다.

완벽보다 중요한 '완성'

과거 토론토 대학의 한 교수에게 논문을 쓰는 법에 대해 들은 적이 있다. 그 교수는 우리에게 논문을 쓰는 데 두 가지 모델이 있다고 말했다. 첫 번째 모델은 먼저 관점을 완벽하게 다듬은 뒤 실험을 통해 검증하고 실험을 완료한 뒤에는 모든 데이터를 기반으로 다시 쓰기 시작하는 것이다. 그리고 두 번째 모델은 초보적이지만 실행할 만한 관점이 있으면 일단 쓰기 시작하는 것이다. 쓸 때는 문장을 다듬지 말고 최대한 빠르게 초고를 완성한다. 그리고 다 쓴 초고를 주위 사람들에게 보여줘서 의견을 들은 뒤 이를 근거로 관점을 발전시키고 실험을 통해 관점을 검증하며 문장을 수정한다. 이 과정을 여러 번 반복해 문장을 다듬어 완성한다. 당시 교수는 우리에게 두 번째 모델로 논문을 써야 한다고 강조했다.

교수가 말한 첫 번째 모델은 '모든 단계에서 완벽을 추구'하는 관점을 활용한 것으로 논문을 쓰는 과정을 세 단계로 나눠 볼 수 있다.

첫 번째 단계, 관점을 완벽하게 다듬는다.
두 번째 단계, 대량의 실험을 통해서 관점을 검증한다.
세 번째 단계, 논문을 쓰기 시작한다.

첫 번째 모델은 이전 단계를 완성하기 전에는 다음 단계로 진입할 수 없지만, 모든 단계가 설계에 따라 완벽하게 집행된다면 최종적으로 좋은 논문을 쓸 수 있다. 반면 두 번째 모델은 '반복 수정을 통해 완성도를 높이는' 관점을 사용한 것으로 초보적인 관점에서부터 시작해 실험을 진행하고 논문 초고를 작성한 뒤 집필 상황과 실험 결과를 근거로 끊임없이 반복 수정해 논문을 완성한다. 나는 두 번째 모델로 논문을 써야 한다는 교수의 주장에 전적으로 동의한다. 연구 경험이 있는 사람이라면 '모든 단계에서 완벽을 추구'하는 모델로 논문을 쓰면 효율이 굉장히 낮다는 사실을 알 것이다.

그 이유는 먼저 머릿속에 있는 관점을 완벽하게 다듬기가 굉장히 어렵기 때문이다. 게다가 과학기술 논문의 관점은 시를 쓰는 것처럼 오랜 시간 다듬을 필요가 없다. 시는 오랜 시간 자신의 관점을 고민하고 다듬어서 완성도를 높이지만, 과학기술 논문은 실험 검증을 통해야만 자신의 관점이 좋은지 나쁜지를 알 수 있다. 연구 경험이 있는 사람이라면 누구나 알듯이 실험 결과는 문제를 발견하고 발전 방안을 찾을 수 있어 관점을 완성하는 데 도움이 된다. 이 밖에도 논문을 쓰는 과정은 관점을 명확히 정리하고 완성하는 데 도움을 준다. 단지 머릿속 생각으로만 얻은 방안은 신뢰할 수 없는 경우가 많다.

다음으로 첫 번째 모델로 논문을 쓴다면 다 쓰기 전에는 다른 사람에게 피드백을 받을 수 없다. 만일 논문을 완성한 뒤 받은 피드백이 절대 무시할 수 없는 좋은 의견이라면 결국 다시 실험하고 시뮬레이션을 진행해야 한다. 그동안 성심껏 갈고 닦은 '완벽한' 논문을 전부 새로 수정해야 하니 자본과 시간이 지나치게 많이 들게 된다.

반면 두 번째 모델은 먼저 '실행 가능하지만 완벽하지는 않은 논문'을 쓴 뒤에 끊임없이 수정을 반복해 완성도를 높여 나간다. 이때는 맨 처음 신속하게 초고를 완성하는 게 매우 중요하다. 이것은 유명한 격언인 '완성이 완벽보다 더 중요하다Done Is Better Than Perfect'라는 말과 일맥상통한다.

제품 개발, 프로젝트 완성에 사용되는 두 가지 모델인 '모든 단계에서 완벽을 추구'하는 모델과 '반복 수정을 통해 완성도를 높이는' 모델을 살펴보았다. 모든 단계에서 완벽을 추구하는 모델은 과정을 여러 단계로 나누어 모든 단계에서 완벽을 추구한다. 그래서 이전 단계가 완벽하지 않으면 다음 단계로 넘어가지 않는다. 반면 반복 수정을 통해 완성도를 높이는 모델은 모든 단계에서 완벽할 필요가 없다. 오히려 빠르게 전체 과정을 완성한 뒤 반복 수정을 통해 완성도를 끌어 올린다. 대부분 상황에서 반복 수정을 통해 완성도를 높이는 모델이 더 좋은 결과를 얻을 수 있다.

마지막으로 〈와이어드Wired〉 창간자이자 수석 편집장인 작가 케빈 켈리 Kevin Kelly가 베스트셀러 저서 『통제 불능Out of Control』에서 한 말을 소개하고자 한다.

기계의 경우 반직관적이지만 명확한 규칙을 가지고 있다. 복잡한 기계는 반드시 점진적이며, 대부분 간접적으로 완성되어야 한다. 모든 기능을 가진 시스템을 단 한 번의 화려한 조립으로 완성해낼 수 있다고 생각해서는 안 된다. 먼저 실행 가능한 시스템을 만들어 최종적으로 만들고 싶은 시스템의 토대로 삼아야 한다… 복잡한 기계를 조립하는 과정에서 수확 체증Increasing Return은 여러 차례 끊임없는 시도를 통해 비로소 얻어질 수 있다. 그리고 그것은 사람들이 말하는 '성장' 과정이다.

문제를 해결할 수 없을 땐
사물의 형태를 변환하라

새로운 양파 썰기

갑 "양파를 썰 때마다 눈이 매워서 정말 힘듭니다. 혹시 좋은 방법이 있습니까?"

을 "그럼 있지요. 아주 간단합니다. 물속에서 썰면 눈이 맵지 않습니다."

며칠 뒤 갑이 을에게 말했다.

"선생님이 알려주신 방법이 정말 유용했습니다. 다만 몇 번 썰다가 수면으로 올라와 숨을 쉬는 게 번거롭긴 하더군요."

우스갯소리지만 을이 언급한 방법은 확실히 효과가 있다. 다른 요소를 고려하지 않는다면 물속에서 양파를 썰면 눈이 맵지 않다.

'변환-조작-역변환'의 놀라운 결과

'양파를 물에 넣고 썬다'라는 생각은 신호 처리 방면에서 특별히 중요한 사고인 '변환'과 일치한다. 변환 사고의 기본적인 과정은 [그림 7-1]에 나타나 있다. 물체에 조작을 진행해 결과를 얻어야 하지만 물체의 원본 형태에서 직접 조작을 진행하면 [그림 7-1a]처럼 지나치게 큰 대가를 치러야 하는 경우가 있다. 이때는 [그림 7-1b]처럼 더 좋은 대체 방안을 활용하면 된다. 해당 방안은 일반적으로 세 단계로 나누어진다.

첫 번째 단계: 어떤 규칙에 따라 물체를 원본 형태에서 다른 형태로 변환한다.

두 번째 단계: 해당 형태에서 조작을 진행해 결과를 얻는다.

세 번째 단계: 이전 변환 규칙에 근거해 해당 결과를 반대로 역변환하면 처음에 얻고자 했던 결과를 얻을 수 있다.

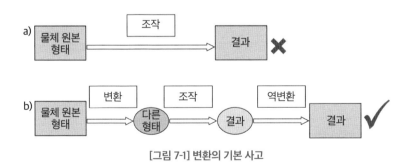

[그림 7-1] 변환의 기본 사고

간단하게 말해서 물체를 원본 형태에서 직접 조작하는 게 힘들다면 우리는 먼저 해당 물체를 다른 형태로 변환할 수 있는지 고려해야 한다. 원본 형태를 변환해 비교적 편리하게 조작을 진행한 뒤 결과를 다시 이전 형태로 변환하면 되니 말이다.

예를 들어서 우리의 목적이 '양파'(원본 형태)를 '썰어(조작)'서 '썰린 양파'(원하는 결과)를 얻는 것이라고 해 보자. 하지만 이런 방식은 눈이 '맵기' 쉬워서 우리는 다음과 같은 몇 가지 단계로 진행할 수 있다.

1. 원본 형태를 변환한다: '양파'를 물속에 넣으면 '물속에 담긴 양파'를 얻을 수 있다.
2. 변환 뒤 형태에 근거해 조작을 진행한다: '물속에 담긴 양파'에 대해 '썰기'를 진행한다. 이 조작을 통해서 '물속에서 썰린 양파'를 얻을 수 있다.
3. 조작 결과를 반대로 역변환한다: '물속에서 썰린 양파'를 물속에서 건져 내면 '썰린 양파'를 얻을 수 있다.

이렇게 우리는 원하는 목표를 달성하면서 양파를 썰 때 눈이 매운 문제도 피할 수 있다.

이런 경우는 일상에서 흔히 볼 수 있다. 예를 들어서 대장장이가 쇠꼬챙이를 두들겨서 검을 만들려 한다고 해 보자. 이때 쇠망치로 쇠꼬챙이를 단단한 쇠 상태로 두드리면 목표를 이루기는커녕 쇠꼬챙이가 부서질 수 있다. 그래서 대장장이들은 쇠꼬챙이를 가열해 부드럽게 변하게 한 다음(원본 형태 변환) 두드려 검을 만들고(변환 후 형태에서 조작을 진행) 차갑게 식힌다(역변환을 통해 결과를 조작).

전송 중 변환

이런 사고는 물품 운송이나 신호 전송 방면에서도 아주 많이 사용된다. 여기서는 몇 가지 예를 들어보겠다.

변환의 사고 사례 1 : 국제 화물 운송

대량의 화물을 직접 바다를 통해 한 국가에서 다른 국가로 운송한다면 비용이 굉장히 많이 든다. 하지만 실제 생활에서는 컨테이너를 사용해 운송함으로써 운송 비용을 획기적으로 낮추었다. 이 점도 자세히 살펴본다면 '변환의 사고'[그림 7-2]를 사용했다는 것을 알 수 있다.

먼저 화물을 컨테이너에 넣은 뒤(물체의 원본 형태 변환) 컨테이너에 담긴 화물을 목적지까지 운송한다(변환 후 형태에서 조작을 진행). 도착

산적된   컨테이너에   해양 운송   컨테이너에서   산적된
화물   적재   하차   화물

[그림 7-2] 국제 해운

한 뒤 물체를 컨테이너에서 꺼낸다(역변환으로 결과를 조작).

변환의 사고 사례 2 : 장거리 전력 운송

전력 운송도 비슷한 사고를 사용한다. 발전소의 발전기에서 내보내는 전압은 일반적으로 10kV 정도밖에 되지 않지만, 전력망에 접근하기 전 전압은 보통 110kV, 220kV, 330kV 정도까지 높아진다. 그 이유는 뭘까? 이유는 간단하다. 바로 장거리 전력 운송에서 발생하는 비용을 줄이기 위해서이다. 장거리 전력 운송의 경우 운송 과정에서 많은 전력이 소모된다. 예를 들어서 송전 전류가 I이고 송전선의 전기 저항이 R이라고 한다면 송전선에서 출력 손실은 다음과 같다.

$$P = I^2 R \qquad\qquad (7.1)$$

공식에 근거해 보면 송전 손실을 낮출 두 가지 방법이 있다. 하나는 송전선의 전기 저항 R을 낮추는 것이다. R이 낮아질수록 출력 손실 P도 작아진다. 송전 거리가 일정한 상황에서 전기 저항을 낮추기 위해서는 동이나 알루미늄처럼 전기 저항률이 적은 금속을 사용해 송전선을 만들어야 한다. 이 밖에도 송전선의 횡단 면적을 최대한 키워야 한다(횡단 면적이 클수록 전기 저항이 작아진다). 하지만 이런 방식은 경제적이지 못하다.

그 이유는 송전선을 무한정 두껍게 만들 수 없기 때문이다. 송전선이 두꺼울수록 제작 비용도 급속도로 상승할뿐더러 무게도 무거워져서 설치가 힘들어진다. 이 때문에 또 다른 방법인 수송 전류 *I*를 낮추는 방법이 있다. 우리는 전송 출력이 전압과 전류의 곱과 같다는 것을 알고 있다. 사용자에게 고정 전력이 제공되는 상황에서 전송 전압이 높을수록 전송 전류가 작아진다.

그래서 일반적으로 장거리 송전에서 전압은 매우 높으며 110kV, 220kV, 330kV를 위해서 일부 전력회사는 전송 전압을 500kV나 750kV까지 높이기도 한다.

고압 전류는 전력망을 거쳐 사용자 근처까지 도달한 뒤에 변전소를 통해 사용자가 사용하는 220kV/330kV로 서서히 낮아진다[그림 7-3].

[그림 7-3] 고압 전기 전송

우리는 장거리 전력 운송도 '변환'의 사고를 따르고 있다는 것을 발견할 수 있다. 전력은 한 장소에서 다른 장소로 전송할 때 직접 전송하면 손실이 매우 크다. 그래서 먼저 전압을 높여 고압 전기 형태로 사용자가 있는 부근까지 전송한 뒤 사용자가 사용할 수 있도록 다시 전압을 낮춘다.

변환의 사고 사례 3 : 소리 장거리 전송

우리가 목소리를 아무리 크게 한들 근처 몇 미터에 있는 사람만 들을 수 있다. 그 이유는 사람의 목소리는 공기 중에 감쇠율^{rate of decay}이 굉장히 빠르기 때문이다. 하지만 생방송 아나운서의 목소리는 전국 모든 라디오에 전송돼 또렷하게 들을 수 있다. 도대체 어떤 원리일까?

여기에는 변조, 조정 기술이 담겨 있다. 사람이 내는 음파는 몇백 Hz 정도로 진동 주파수가 비교적 낮은 신호이다. 이와 같은 저주파 신호는 장거리 전송이 불가능하며 고주파 신호여야만 공기를 통해서 멀리까지 전파가 가능하다. 이 때문에 사람들은 한 가지 '변조' 기술을 발명해냈다. 변조 기술은 전송이 필요한 저주파 신호 정보를 또 다른 고주파 신호로 '반송'시키는 것이다. 이런 반송은 해당 저주파 신호, 즉, 변조 대상 신호를 사용해 또 다른 고주파의 반송파 신호로 변화시켜 이뤄진다. 바뀐 고주파 신호는 본질상 여전히 고주파 신호이지만, 그 안에는 저주파 신호의 정보가 포함되어 있는데, 이를 '복합 신호^{Composite Signal}'라고 부른다.

변조 방식은 다양한데 그중 하나가 변조 대상 신호를 사용해 반송파 신호의 주파수를 바꾸는 것으로 이 과정을 주파수 변조(FM)라고 부른다. [그림 7-4]에서 위에서부터 아래로 저주파의 변조 대상 신호 a, 고주파의 반송파 신호 b, 주파수 조정 뒤 복합 신호 c가 나타나 있다. 변조를 거치면 변조 대상 신호의 진폭이 높은 곳에서는 복합 신호의 주파수도 높게 변하고 변조 대상 신호의 진폭이 낮은 곳에서는 복합 신호의 주파수도 낮게 변한다는 것을 볼 수 있다. 복합 신호는 본질적으로 고주파 신호이지만 그 주파수에는 저주파 신호의 정보도 포함이 되어 있다.

　이외에 또 다른 방식으로는 진폭 변조(AM)가 있다. 간단하게 말해서 진폭 변조는 저주파의 변조 대상 신호의 진폭을 사용해 반송파 신호를 조절하는 것이다. [그림 7-4d]에는 진폭 변조를 거친 복합 신호가 나타나 있다. 우리는 진폭 변조를 거치면 변조 대상 신호의 진폭이 높은 부분에서 복합 신호의 진폭도 높게 변하고 변조 대상 신호의 진폭이 낮은 부분에서 복합 신호의 진폭도 낮게 변한다는

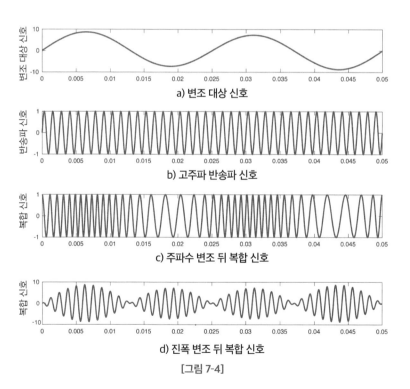

a) 변조 대상 신호

b) 고주파 반송파 신호

c) 주파수 변조 뒤 복합 신호

d) 진폭 변조 뒤 복합 신호

[그림 7-4]

것을 볼 수 있다. 이처럼 이런 방식을 통해서도 복합 신호는 저주파 신호의 정보를 포함할 수 있다.

그리고 안테나를 통해 방출된 복합 신호는 고주파 신호라서 장거리 전송이 가능해 헤드엔드(수신기)까지 도달할 수 있다. 수신기는 많은 역할을 하는데, 먼저 공중에 있는 아주 다양한 주파수의 무선 전파에서 정보 선별을 진행한다. 모든 전파를 수집하면 수많은 소리가 한데 섞여 알아들을 수 없다. 그래서 필요한 프로그램을 선택할 수 있도록 수신 안테나 뒤에는 선택 회로가 있다. 선택 회로의 역할은 필요한 신호(방송국)를 선택하고 필요 없는 신호는 '여과'해 방해 요소를 제거하는 것이다.

우리가 '채널' 버튼을 눌러 라디오를 듣는 것은 이런 과정을 통해 이뤄진다. 선택 회로에서 송출하는 것은 선택한 어느 방송의 복합 신호이다. 복합 신호는 본질상 고주파 신호이기 때문에 우리는 반드시 고주파 신호 안에 있는 변조 대상 신호(사람의 목소리)를 분리해내야 한다. 이 단계를 복조라고 한다. 수신기의 전로 안에는 진폭 변조 진행을 전담하고 책임지는 LC 공진회로가 있다. 변조 대상 신호를 분리한 뒤 나팔 보이스 코일에 넣으면 스피커에 상응하는 진동이 생겨나 아나운서의 목소리가 복원된다.

우리는 이 모든 과정이 변환의 사고를 따르고 있다는 것을 알 수 있다. 사람의 목소리를 한 곳에서 다른 곳으로 전송하려 할 때 직접 전송하면 목적지까지 도달할 수 없다. 하지만 현재 무선 기술을 활용하면 가능하다. 우선 사람의 목소리를 변조해 다른 형태로 바꾼 뒤(변조 신호) 변조 신호를 전송해 수신기에 도달하면 다시 복조를 진행해 사람의 목소리를 복원한다[그림 7-5].

[그림 7-5] 라디오의 변조와 복조

세상을 깨우치는 수학

눈이 맵지 않게 양파를 써는 이야기부터 시작해 '변환'의 사고를 다루었다. 직접 어떤 사물에 조작을 진행하기 힘든 경우 우리는 해당 사물을 다른 형태로 변환할 수 있다. 이렇게 변환된 형태로 조작을 진행해 비교적 쉽게 목표를 완성한 뒤 다시 얻은 결과를 원래 형태로 역변환하면 된다. 이런 사고는 앞에서 소개했듯이 물체 운송(컨테이너, 고압선)이나 신호 전송(무선 신호 전송) 등 다양한 영역에서 응용될 수 있다.

변환의 핵심 사고는 문제를 해결하기 어려울 때 사물의 형태를 변환하는 것이다. 일상에서 이런 사고를 민첩하게 응용할 수 있다면 어려운 문제를 더 많이 해결할 수 있다.

젊었을 때
다양한 경험을 쌓아라

'대학 졸업 후에 고향으로 돌아가야 할까? 아니면 대도시에서 경험을 쌓아야 할까?', '열정을 가지고 창업에 도전해야 할까? 아니면 안정된 직장을 구해야 할까?'를 두고 고민하는 학생들이 많다. 나는 학생들에게 이런 질문을 받을 때마다 젊을 때는 안정적인 직장을 가지기보다는 대도시에서 다양한 경험을 쌓고 여러 직업(창업을 포함해)을 시도해 보는 게 낫다고 조언한다. 그 이유는 나이가 들면 쉽게 직장을 옮기기 어렵기 때문이다.

여기서는 컴퓨터 영역에서 유명한 담금질 기법 알고리즘을 통해서 이 문제를 설명해 보고자 한다. 담금질 기법 알고리즘은 함수 최적화 문제를 해결하는 수치 해법으로 우선 함수의 극한값을 찾는 것부터 다루어야 한다. 예를 들어서 만약 함수 $y=-x^2+2x$의 극한값을 찾아야 한다면 어떻게 해야 할까?

해법 1 : 해석법

모두에게 가장 익숙한 해법은 함수의 표현식에 대해 미분을 구하고 도함수를 0으로 하는 것이다. 이 방정식의 해가 바로 해당 함수의 극한값의 위치이다.

해당 함수의 도함수는 다음과 같다.

$$y' = -2x + 2$$

도함수가 0이 되게 한다.

$$-2x + 2 = 0$$

식에서 얻는 $x=1$은 해당 함수에서 얻은 극한값의 위치이다. 이런 방식을 사용해 얻은 값을 해당 문제의 '해석적 해'라고 한다.

해석법은 가장 우수하지만, 해석법으로 해를 찾는 것은 쉽지 않다. 실제 응용에서 함수의 도함수 형식이 매우 복잡한 경우가 많고, 심지어 함수 자체를 유추하지 못하기도 한다. 그래서 수치 해법이 생겨났다. 이런 수치 해법 중에서 가장 자주 쓰이는 방법은 **'경사법** Gradient Method**'**이다.

해법 2 : 경사법

경사법의 핵심은 **'방향을 정확히 찾아 반복 수정을 통해 완성도를 높이는 것'**이다. [그림 8-1]을 통해서 해당 사고를 살펴볼 수 있다. [그림 8-1]에서 곡선은 해당 함수 y의 표현식 이미지이고, 우리는 해당 함수의 가장 큰 값에 대응하는 x의 위치(회색 점)를 찾아야 한다.

경사법의 구체적인 단계는 다음과 같다.

첫 번째 단계($k=1$): 임의로 x값을 정한다. 정한 값을 x_1이라고 가정해 보자. 이렇게 수치를 임의로 정해서 최적해를 맞추는 것은 사실상 거의 불가능하다. 하지만 상관없다. 우리는 x_1의 위치를 추측한 뒤 다음 단계의 방향을 판단해야 한다. 극한값은 x_1의 좌변 또는 우변에 있는 어떤 값으로 결정될까? 여기서 기울기가 사용된다. 기울기는 특정 값에서 함수의 미분계수로, 해당 예에서는 경사도이다. x_1의 경사도는 정수이며 이것은 x의 값이 증대되면 y값이 커진다는 의미이다.

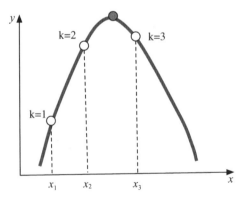

[그림 8-1] 함수 최적해의 수치 해법

두 번째 단계($k=2$): x_1이 우변으로 약간 이동해 x_2에 이른다고 가정해 보자. 같은 방법에 따라서 우리는 다음 단계에서 x_2가 우변으로 이동한다는 것을 알 수 있고, 이 때문에 더 큰 y를 얻을 수 있다.

세 번째 단계($k=3$): x_2가 다시 오른쪽으로 약간 이동하면 x_3에 이르게 된다. 이때 우리는 경사법의 원칙에 따라서 왼쪽으로 약간 이동해야 한다.

이와 같은 방법으로 앞 단계를 반복하면 우리는 최적의 회색 점 위치에 바짝 근접할 수 있다. 경사법은 공역 구배법, 최급강하법, 무작위 최급강하법 등 다양한 변형이 있는데 모두 기울기 사고가 사용된다. 하지만 일부 상황에서는 기울기 정보를 얻기가 쉽지 않다. 때로 함수는 블랙박스가 된다. 하나의 x를 입력해 응답 y의 값을 얻어낼 수 있지만 우리는 블랙박스 함수의 표현식이 뭔지 알아낼 수 없다. 또는 표현식을 쓸 수 있지만 기울기가 어느 점에서도 존재하지 않거나 표현식이 지나치게 복잡하고 계산이 어려워서 경사법을 쓸 수 없는 경우도 있다. 그렇다면 기울기 정보를 이용하지 않고 가장 큰 값을 찾는 방법은 없을까? 물론 있다. 이런 방법을 **'언덕 오르기** Hill Climbing**'**라고 한다.

해법 3 : 언덕 오르기

언덕 오르기의 사고는 등산하는 과정과 비슷하다. 처음 오르는 산이라도 시시각각 자신의 현재 위치가 이전보다 높아졌다는 사실만 확인할 수 있으면 산의 정상에 오를 수 있다. 알고리즘에서 매번 현재의 변수 x 근방에서 선택된 대응하는 함수값 y가 현재의 변수 x보다 더 높은 위치에 있으면 y로 수렴해 다음의 x가 된다.

구체적으로 표현하자면 매번 교체 때마다 우리는 현재의 해 x_k 근방에서 무작위로 한 점 x_{k+1}를 취한 뒤 두 점에 대응하는 y의 값을 비교해 만약 새로운 포인트에 대응하는 함숫값이 이전보다 크다면 우리는 이 새로운 점 x_{k+1}으로 다음 단계를 진행할 수 있다. 다시 말해서 반복해서 점을 무작위로 선택해 대응하는 y의 값이 x_k보다 더 큰 값이 되면 다음 단계로 진입할 수 있다.

주목할 점은 언덕 오르기는 현재 해가 위치한 기울기를 계산할 필요 없이 직접 두 함숫값을 비교하면 된다는 것이다. [그림 8-2]에는 이 점이 설명되어 있다. 먼저 임의로 초기값 x_1을 정한 뒤 x_1근방(회색 구간)에서 $y(x_1)$보다 큰 값을 찾는다. 예를 들어서 우리는 몇 차례 시도 뒤 $y(x_2)$가 $y(x_1)$보다 크다는 것을 발견할 수 있다. 이어서 우리가 x_2의 근방에서 대응하는 높이에 $y(x_2)$보다 더 큰 값을 찾으려 한다면 무작위로 몇 차례 시도해서 x_3의 값을 찾을 수 있다. 이런 유추 과정을 여러 차례 반복하면 전체 함수의 최댓값을 찾을 수 있다.

여기서 주의해야 할 점은 언덕 오르기는 경사법과 달리 기울기 정보를 이용하지 않기에 그에 합당한 대가를 치러야 한다는 것이다. 바로 아주 많이 시도해야만 이전보다 더 좋은 해석을 찾을 수 있어 효율은 굉장히 떨어진다.

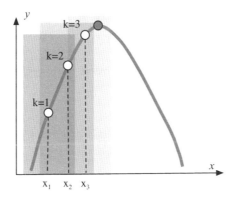

[그림 8-2] 언덕 오르기

언덕 오르기의 문제와 해결 방법

언덕 오르기에는 아주 큰 문제가 있다. 예를 들어 안개가 자욱하게 낀 날 등산을 한다고 해 보자. 그럼 시야 확보가 어려워 언덕 오르기 방법으로 산을 올랐다가는 기껏해야 작은 산의 낮은 언덕 정도밖에 못 오를 수 있다. 이 언덕은 주변보다는 높지만, 산 정상과는 비교가 되지 않는다.

이처럼 수학의 관점에서 보자면 **함수의 형식이 비교적 복잡할 때 언덕 오르기를 사용하면 특정 영역에서 최대인 국소 최적의 함정에 빠질 수 있다.**

예를 들어서 [그림 8-3]에는 더욱 복잡한 곡선이 있다. 여기에는

값이 큰 점 두 개가 있는데, 그중에서도 두 번째 값이 훨씬 크다. 초
기값 x_1을 첫 번째 큰 값에 이르는 시작점으로 삼는다면 여러 차례
교체를 거친 뒤 분명 첫 번째 큰 값이 있는 부분에 수렴하게 될 것이
다. 해당 위치는 국소 최적(극대)인 순간이다. 극댓값에 수렴한 뒤 더
오르지 못하는 이유는 극댓값이 주변 값보다 크기 때문이다. 하지만
전체를 통틀어 가장 큰 최댓값$^{Global\ Optimum}$은 극댓값의 오른쪽에 자
리 잡고 있다.

　언덕 오르기 뿐만 아니라 우리가 앞에서 다루었던 경사법 및 다른
방법들에서도 국소 최적인 순간(극댓값)에 수렴하는 결과가 나타날
수 있다.

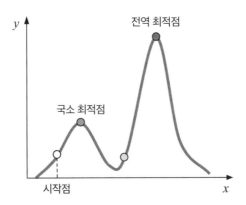

[그림 8-3] 언덕 오르기 문제: 국소 최적의 함정에 빠지다.

　그렇다면 어떻게 이 문제를 해결해야 할까? [그림 8-3]을 예로 들
어볼 수 있다. 알고리즘이 극댓값의 함정에서 벗어나지 못하는 이
유는 **단계가 진행될 때마다 이전보다 값이 더 커지려 하기 때문이**
다. 만약 극대인 순간에 위치했을 때 우리가 그보다 더 작은 값을 받

아들일 수 있다면 해당 점으로 이동해 극댓값의 함정에서 벗어나고, 아울러 최댓값에 도달할 수 있다.

바꿔 말하면 이러한 수치 해법이 국소 최적의 함정에서 벗어나지 못하는 이유는 일순간의 좌절을 받아들이지 못하고 단계마다 눈앞에 더 큰 이익을 좇으려 하기 때문이다. **잠깐의 완벽하지 않은 상황을 받아들일 수 있다면 더 나은 미래를 쟁취할 수 있다.**

이것은 직장을 옮길 때 이전 직장보다 더 많은 월급을 받으려 하는 것과 같다. 사실 새로운 직장의 전망이 훨씬 더 밝다면 당장은 월급이 약간 줄어든다고 할지라도 받아들여야 한다. 그래야 훗날 더 높은 곳에 오를 수 있다.

무작위 방식을 사용해 불완전함을 받아들이는 법

문제를 살짝 바꿔서 불완전함을 받아들이는 방법에는 어떤 것들이 있을까?

여러 방법 중 하나를 소개하자면 무작위로 도입하는 방법이 있다. 예를 들어 언덕 오르기를 약간 수정해서 현재 해 x_k의 근방에서 임의로 찾은 해 x_{k+1}가 x_k보다 크지 않다고 해도 우리는 일정한 확률로써 그것을 받아들이는 것이다.

[그림 8-3]을 보면 우리가 좌변의 극댓값에 이르렀을 때 만일 이런 방식으로 이보다 더 작은 값을 받아들일 수 있다면 극대인 순간에서 벗어나 우변의 최댓값에 이를 수 있다.

'일정한 확률로 잠시의 불완전함을 받아들이는 것'을 외형적으로 표현하면 **x에 대응하는 y는 항상 상승만 하는 게 아니라 위아래로 움직일 수 있다**는 것이다. 만약 불완전함을 받아들일 확률이 비교적 크다면 우리는 매회 교체 뒤 함숫값이 위아래로 이동하는 무작위성이 크다는 것을 발견할 수 있다. 반면 불완전함을 받아들이는 확률이 작다면 무작위성도 작다는 의미이다. 이 경우 교체마다 비교적 규칙적으로 수치가 더 높은 방향으로 향할 수 있다.

이런 무작위성에 대해 영국 경제학자 팀 하포드^{Tim Harford}는 『메시^{Messy}』에서 '예상치 못한 상황'이라고 설명했다. "예상치 못한 상황은 우리 일과 생활을 방해하지만, 만약 우리가 창조력을 적극적으로 발휘할 수 있다면 전화위복이 될 수 있다. 예상치 못한 출현은 예술가, 과학자와 공학자들을 산 정상에서 골짜기로 떨어지게 만들지만… (중략) 이들은 자신의 산 정상에서 벗어나 새로운 골짜기에 이르면 새로운 활로를 모색한다."

팀 하포드가 말한 예술가, 과학자, 공학자들이 작은 산봉우리에서 골짜기로 떨어진 뒤 옆에 있는 더 높은 정상에 오를 수 있는 예상치 못한 상황이 바로 우리가 다룬 무작위성이다.

그렇다면 잠깐의 불완전함을 받아들여 국소 최적의 함정에 빠지는 것을 피해야 한다는 것만 알면 충분한 걸까? 우리에게는 마지막으로 해결해야 할 문제가 있다. 바로 불완전함을 받아들이는 확률을 줄일 방법이다.

담금질 기법 알고리즘

1970년대 말부터 1980년대 초까지 IBM 왓슨 실험실의 두 과학자인 스캇 커크패트릭[Scott Kirkpatrick]과 C.D. 젤라트[C.D. Gelatt]는 최적화 알고리즘을 연구하다가 물리학에서 깨달음을 얻어 담금질 기법 알고리즘을 발명해냈다.

그럼 먼저 담금질에 대해 이야기해 보자. 드라마나 영화를 보면 대장장이가 검을 만드는 장면이 등장한다. 대장장이는 용광로에서 붉게 달궈진 검을 꺼내 사방에 불똥을 튀기면서 망치로 두드린다. 그렇게 한참 두들긴 뒤 검을 물속에 넣으면 '치익!' 하는 소리와 함께 흰 연기가 피어나고 마지막으로 검의 표면을 갈고 다듬으면 뛰어난 보검이 탄생한다. 이렇게 달궈진 검을 물에 넣는 것은 금속 가공에서 냉각 기술에 속하며, '**급랭**[Quenching]'이라고 부른다. 급랭 과정을 거치면 금속이 급속도로 냉각되면서 내부 조직이 더 단단하게 변한다. 급랭은 모두에게 가장 익숙한 냉각 기술이다. 하지만 '급랭' 외에도 또 다른 냉각 기술인 '**풀림**[Annealing]'이 있다.

풀림은 냉각 속도가 급랭보다 훨씬 느리다. 풀림은 서서히 금속 온도를 낮추어 금속 내부 조직이 안정된 상태에 이르게 한다. 이에 금속 내부에 변형력이 방출되고, 소재의 연성, 전성, 강인성이 증가하며, 특수한 미세 조직이 형성돼 뛰어난 성능을 보인다.

커크패트릭은 풀림 과정에서 재료를 냉각하는 속도가 내부 조직에 엄청난 영향을 준다고 설명했다. 물리학에서 '온도'와 '무작위성'

의 관계는 정비례한다. 다시 말해 온도가 오를수록 무작위성이 강해지는 것이다. 그러니 **풀림 과정은 무작위성이 높음에서 낮음으로 약화된다는 의미이다.**

풀림은 최종적으로 모든 금속 결정체가 완벽한 안정 상태에 이르게 할 수 있는데, 이는 언덕 오르기 알고리즘에서의 무작위성도 마찬가지다. 시간이 증가함에 따라서 서서히 낮아지게 된다.

구체적으로 설명하자면 시작할 때 우리는 x_{k+1}가 x_k보다 작을 확률이 비교적 크다는 것을 받아들여야 하는데, 이것은 시작할 때 x의 무작위성을 키우게 된다. 하지만 뒤에 이르면 **불완전함의 확률을 받아들이는 정도가 점차 내려가** 드러나는 무작위성도 점차 내려가게 된다.

이것이 바로 담금질 기법 알고리즘이다. 담금질 기법 알고리즘은 우리에게 처음 시작할 때 결과가 불완전할 확률이 크다는 것을 받아들인다면 해당 확률은 시간이 증가함에 따라서 점차 작아진다는 것을 알려준다.

1983년 커크패트릭과 젤라트는 담금질 기법 알고리즘을 '담금질 기법을 바탕으로 한 최적화 알고리즘Optimization by Simulated Annealing'이란 제목으로 〈사이언스Science〉 지에 발표했다. 담금질 기법 알고리즘의 응용 효과는 놀라울 정도이다. 〈사이언스〉에 발표된 글에서는 담금질 기법 알고리즘을 사용해 더 뛰어난 칩 구조를 설계해냈고, 현재 담금질 기법 알고리즘은 최적화 알고리즘에서 권위 있는 알고리즘 중 하나가 되었다.

해석법, 경사법, 언덕 오르기, 담금질 기법 알고리즘을 살펴보았다.

언덕 오르기에서 단계마다 이전보다 더 좋은 결과를 얻으려 한다면 국소 최적의 함정에 빠질 수 있다. 이렇게 극대의 순간에 빠지는 문제를 해결하는 직접적인 방법은 무작위 도입이다. 즉, 일정한 확률에서 잠깐의 불완전함을 받아들이는 것이다.

그리고 담금질 기법 알고리즘은 불완전함을 받아들이는 확률에 대해 알려 준다. 구체적으로 말해서 처음 시작할 때는 해당 확률이 높을 수 있지만, 시간 이 증가함에 따라서 서서히 낮아지게 된다는 것이다.

맨 처음 문제로 돌아가 보자. 젊었을 때 대도시에서 다양한 경험을 쌓고 여 러 직업을 시도해 봐야 하는 이유는 뭘까?

그건 인생이 실제로는 최적해를 찾는 과정이기 때문이다. 시작부터 완벽한 사람은 없다. 하지만 우리는 끊임없이 노력해 자신을 발전시켜 나갈 수 있고, 자신이 도달할 수 있는 가장 좋은 위치에 이르는 것을 최후의 목표로 삼을 수 있다. 이 과정은 앞에서 다룬 경사법과 언덕 오르기에 담긴 사고와 일치한다.

끊임없이 발전하는 과정에서 우리는 인생에서 새로 내딛는 모든 걸음이 이 전보다 더 좋기를 바란다. 예를 들어서 직장을 옮길 때 이전보다 더 높고 안정 적인 수입을 요구하는 것처럼 말이다. 이와 같은 선택은 아주 자연스러워 보 이지만 알고리즘은 우리에게 새로운 발걸음을 내디딜 때마다 이전보다 더 좋 은 상황을 요구한다면 국소 최적에 쉽게 빠지게 된다고 말한다. 즉, 월급이 더 높고 안정적인 직장을 선택하는 게 당장은 안정적일 수 있지만 엄청난 발전 잠재력을 가진 직장을 놓치는 결과가 될 수 있다. 이때 해결 방법은 무작위 도입이다. 일정한 확률로써 잠깐의 불안전함을 받아들이면 국소 최적의 순간에 빠지는 것을 효과적으로 피할 수 있다. 이런 무작위성은 대도시에서 다양한 경험을 쌓고 여러 직업을 시도하며 자신의 관심사를 찾고 잠재력을 발견하는 것이지 안정된 직장에서 평생을 쏟는 것이 아니다.

담금질 기법 알고리즘은 또 우리에게 이런 무작위성이 나이가 증가함에 따라 서서히 낮아진다는 사실도 알려준다. 젊었을 때는 무작위성이 커서 외부를 충분히 탐색할 수 있다. 이에 자신이 잠깐 불완전해지는 것을 받아들여 국소 최적의 순간에 빠지는 것을 피하고 더 높은 정상에 오를 수 있다. 하지만 나이가 많아지고 자신에게 적합한 게 뭔지 알게 된 뒤에는 무작위성을 통제하고 자신에게 가장 적합한 곳에 터를 잡고 쉽게 바꾸려 하지 않는다.

PART 3

학습편

잘 배우고
명확하게 표현하기

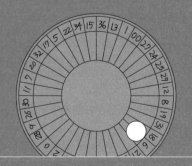

주동적 예측과
편차를 통한 학습법

남들과 다른 특별한 드라마 시청

오랜 시간 함께 일해 온 동료 중 A는 늘 문제에 대해 명철한 생각을 하는 편이다. 그는 늘 빈틈없이 일을 처리하고, 대화를 나누다가 생각지도 못했던 관점을 제시하며 교훈을 주기도 한다. 그래서 어느 날 내가 그에게 물었다.

"깊은 생각을 가지게 된 비결이 뭐야?"

그러자 그는 웃으며 대답했다.

"아내와 함께 드라마를 자주 보거든. 그러다 보니 자연스레 세상 보는 법을 알게 되더라고."

평소 편하게 즐기며 드라마를 보는 나는 동료의 말을 이해할 수 없었다. 사실 대부분 파란만장한 줄거리 흐름에 따라 흥분하고 긴장하며 '편안한' 즐거움을 누리기 위해 드라마를 본다. 그래서 지금껏 드라마를 통해 세상 보는 법을 발전시킬 수 있을 것이라고는 생각해

본 적이 없었다. 내가 무슨 말인지 이해가 안 된다고 말하자 동료는 웃으면서 말했다.

"나는 드라마 보는 방식이 다른 사람들과는 달라. 예를 들어 드라마를 볼 때 아내와 나는 주인공이 위기를 만날 때마다 잠깐 드라마를 멈춘 뒤 주인공의 입장에서 위기를 어떻게 극복할지를 두고 토론해. 그리고 토론이 끝나면 다시 드라마를 틀고 주인공이 어떻게 위기를 극복하는지 확인한 뒤 우리가 생각해낸 방법과 드라마 속 주인공의 방법이 어떻게 다른지 비교해 보는 거야. 이렇게 토론과 비교를 여러 차례 하다 보니 자연스럽게 문제를 처리하는 수준이 향상되더라고."

그의 말을 곰곰이 분석해 보면 그가 아내와 함께 드라마를 보는 방식에는 두 가지 특징이 있다는 것을 발견할 수 있다. **첫째는 주동적인 예측이다.** 그는 아무 생각 없이 시나리오의 전개에 끌려가지 않고 주동적으로 드라마에서 등장한 문제를 고민하고 자신만의 해결 방법을 생각해낸다. **둘째는 편차를 통한 학습이다.** 그가 생각해낸 해결 방법은 드라마 주인공의 실제 방법과 다를 수는 있지만 이런 편차에 근거해 자신이 생각해낸 해결 방법의 부족한 점을 살펴보고 사고 능력을 발전시킨다.

여기서 두 번째 특징이 첫 번째 특징을 바탕으로 이뤄진다는 점에 주목해야 한다. 주동적으로 자신만의 해결 방법을 생각해낼 수 있어야 드라마 주인공의 방법과 비교해 자신을 발전시킬 수 있다.

물론 나를 포함해서 대부분은 편안하게 스트레스를 풀기 위해서 드라마를 본다. 하지만 '편안함', 스트레스 해소용은 '수동적'이라는 면을 가지고 있다. 우리는 항상 드라마 시나리오 전개에 그대로 끌려가면서 줄거리가 어떻든 그것을 그대로 받아들인다. 고민할 필요가 없다는 것은 사람을 참 편하게 만들어 드라마를 다 본 뒤에는 개운한 감정까지 느껴진다. 하지만 이 경우에는 '편안하게 스트레스를 푸는 것' 외에 인식 수준이나 사고 측면에서 발전은 이뤄지지 않는다. 아마도 '드라마는 스트레스를 풀려고 보는 거 아닌가? 굳이 그 동료처럼 피곤하게 드라마를 볼 필요가 있을까?'라고 생각하는 사람도 있을 것이다.

사실 그 말도 일리는 있다. 스트레스를 풀기 위해 편하게 드라마를 보는 게 나쁘다고 말할 수는 없다. 그러면 독서의 경우는 어떨까? 물론 편안하게 긴장을 풀려고 독서를 하는 사람도 있다. 하지만 대부분은 책 속에 담긴 지식을 얻어 발전하고 향상하기 위해서 독서를 하지 단순하게 스트레스를 풀려고 하지는 않는다.

만약 연구자나 과학자라면 이 문제를 더욱 진지하게 고민해 볼 필요가 있다. 과학 연구를 하려면 먼저 많은 양의 학술 논문을 읽어야 한다. 학술 논문을 읽는 목적은 절대 편안하게 스트레스를 풀기 위해서가 아니다. 게다가 학술 논문 중 대부분은 읽는 과정이 결코 편치 못하다. 그러니 만약 드라마를 보는 것처럼 아무 생각 없이 편안하게 논문을 읽는다면 저자의 명석함에 감탄하며 자신은 저자만큼 영리하지 못하다고 좌절만 하다가 끝날 가능성이 크다. 그렇다면 책이나 논문을 읽는 과정에서 더 큰 수확을 얻는 방법은 무엇일까? 동료가 드라마를 보는 방식을 대입해 보면 어떨까?

지루한 학술 논문 흥미롭게 읽는 법

홍콩에서 근무했을 때 우리팀의 지도 교수는 항상 우리와 대화를 나누기를 좋아했다. 주요 주제는 우리가 종사하는 분야에서 뛰어난 활약을 하는 사람은 어떤 방식으로 일을 하는지와 같은 것들이었다. 한번은 유명 회의나 학술지에 연구 결과를 매년 꾸준히 발표하는 해외 교수에 관해 이야기한 적 있다. 누군가가 다작을 할 수 있는 이유를 물었을 때 그 교수는 자신의 업무처리 방식을 다음과 같이 자세히 설명했다고 한다.

외국에서는 매년 한 달 정도 휴가를 떠난다. 그래서 휴가를 가기 전에 교수는 그해 자신의 분야와 관련된 학술 논문을 전부 인쇄한 뒤 깊은 산 속에 있는 리조트에서 매일 인쇄해 간 논문을 읽었다. 여기서 중요한 점은 교수가 논문을 처음부터 끝까지 쭉 읽지 않았다는 점이다. 그는 읽는 논문이 다루는 문제를 파악하면 곧장 논문을 덮은 뒤 해당 문제를 고민했다. 그리고 하얀 종이에 자신만의 해결 방안과 과정을 적었다. 그리고 마지막으로 자신의 답안과 논문에서 제시한 방안을 서로 비교해 가며 영감과 깨달음을 얻었다. 자신의 해결 방안이 해당 논문이 제시한 방안보다 좋으면 해당 부분을 정리해서 회의나 학술지에 발표했다.

해당 교수가 학술 논문을 읽는 방식은 내 동료가 드라마를 보는 방식과 본질적으로 같은 특징을 가지고 있다. 해당 교수 역시 다른 사람의 해결 방법을 보기 전 자신만의 방법을 고민한 만큼 '주동적 예측'을 할 줄 안다. 이처럼 자신이 생각해낸 방법과 논문에서 제시한 방법을 서로 비교해 자신의 수준을 발전시키는 것을 '편차를 통한 학습'이라 할 수 있다.

이를 통해서 **'주동적 예측+편차를 통한 학습'**이 얼마나 효과적인 방식인지 알 수 있다.

문제에 대해 빠르게 예측하는 지도 학습

앞에서 소개한 두 가지 예는 기계학습에서 지도 학습^{Supervised} ^{Learning} 방식과 완전히 일치한다. 지도 학습은 가장 흔히 볼 수 있는 기계학습 방식 중 하나이다. 지도 학습의 훈련 데이터 세트는 레이블^{Label}을 가지고 있으며, 훈련 목표는 새로운 데이터(테스트 데이터 세트)에 정확한 레이블을 제공하는 것이다. 예를 들어서 기계학습은 하나의 모델을 훈련해 동물 이미지에서 동물의 종을 판단해낼 수 있다.

먼저 우리는 훈련 데이터 세트로 삼을 동물 이미지를 찾아야 하는데, 해당 데이터 세트 이미지에는 대응하는 동물 종(레이블)이 있다. 이 레이블은 표준 답안에 해당한다.

모델의 훈련 과정은 대략 다음과 같다.

처음 시작할 때 우리는 초기 모델이 훈련 데이터 세트에 있는 어떤 이미지를 골라 판단을 진행하게 한다. 해당 모델은 불완전하므로 예측 결과가 실제 종과 맞지 않을 가능성이 크다. 만약 모델의 판단이 틀렸다면 우리는 어떤 알고리즘을 사용해 해당 모델의 매개변수를 조정해 모델의 응답이 실제 레이블과 최대한 일치하게 해야 한다. 이렇게 우리는 해당 모델이 훈련 데이터 세트의 레이블과 일치하는 판단을 내놓을 때까지 계속해서 훈련 데이터 세트의 이미지를 이용해 모델의 매개변수를 조정해야 한다.

이와 같은 지도 학습의 원리는 앞에서 소개한 학습 방식과 완전히 일치한다. 지도 학습에서 모델이 훈련 이미지에 관해 판단하는 것은 '주동적 예측'이라 할 수 있다. 그리고 모델의 판단이 레이블과 일치할 때까지 편차를 근거로 매개변수를 끊임없이 조정하는 것은 '편차를 통한 학습'이라 할 수 있다. 그러니 드라마를 보든 논문을 읽든 수준을 빠르게 향상하고 싶다면 주동적으로 문제에 대한 예측을 진행하고 편차를 통해 학습하는 '지도 학습' 방식을 활용해야 한다.

앞으로의 내용을 예측하는 속독법

마지막으로 우리는 이런 방식이 책을 빠르게 읽는 데 도움이 되는 이유를 살펴보아야 한다. 미국 조지메이슨대학교의 저명한 경제학 교수 타일러 코웬Tyler Cowen은 책을 읽는 속도가 굉장히 빠르다. 책을 다 읽은 뒤에는 책에 담긴 내용까지 확실하게 파악하고 있다. 그렇다면 타일러 코웬 교수가 책을 빨리 읽는 비결은 뭘까? 그는 이 점에 대해 이렇게 말했다.

"책을 빠른 속도로 읽고 싶다면 아주 많은 책을 읽어야 합니다. 아주
많은 책을 읽고 나면 손에 들린 책의 다음 페이지에 무슨 내용이 나올
지 예측할 수 있습니다."

독서 경험이 아주 많아지면 주로 읽는 분야의 책은 읽을수록 속도
가 빨라지게 된다. 이들은 한눈에 새로운 것을 발견해 핵심을 파악
할 수 있으며 해당 책이 관련 영역에서 어떤 위치에 있고 어떤 새로
운 공헌을 하는지도 알 수 있다. 사실 이런 사고는 지도 학습의 '주
동적 예측+편차를 통한 학습'에 부합한다. 독서 경험이 많은 사람의
책 읽는 방식을 자세히 분석해 본다면 이들의 책을 읽는 속도가 다
음과 같은 동적 조정을 거친다는 것을 발견할 수 있다.

'그래, 이 문제는 나도 알고 있어. 분명 A 관점에서 분석하고 해결
할 거야.'
이런 생각을 가지고 작가가 A 관점에서 해결 방안을 제시하는지
본다.
'역시, 틀리지 않았어. A 관점에서 해결 방안을 다룰 거라는 내 예
측이 맞아. 좋아! 건너뛰고 다음 문제!'
'이 문제는 자주 접하지 못했는데. 아무래도 해결 방안이 B일 것
같아.'

'음, B 방안이 핵심 키워드가 아니었네. 여기서는 C 방안을 제시했는데, 내가 생각하지 못했던 부분이야. 이 부분은 자세히 읽어 봐야겠다.'

그러면 읽는 속도를 늦춰 내용을 자세히 살펴본다. 독서 경험이 많은 사람은 다양한 지식을 알고 있어 작가의 해결 방안을 정확하게 추측해낼 수 있고, 이에 책을 읽는 속도가 자연스레 점차 빨라지게 된다. 어떤 경우이든 책을 빠르게 읽는 사람은 지도 학습 방식을 선택해 주동적으로 예측하고 편차를 통해 학습한다. 자신의 예측이 맞으면 빠르게 넘어가고 틀리면 속도를 늦춰 해당 내용을 터득하는 등 예측 결과에 따라 속도를 조절하며 주동적인 학습을 하는 것이다.

세상을 깨우치는 수학

효율적으로 드라마를 보거나 책이나 논문을 읽는 방법에 대해 다루었다. 이런 방식은 기계학습에서 지도 학습과 매우 유사하다. 두 가지 모두 스스로 문제에 대한 답안을 제시하고 드라마나 책에서 제시한 답안을 참고해 자신의 관점을 평가한 뒤 능력을 발전시켜 나간다. 이런 방식의 핵심은 '주동적'이라는 데 있다. 주동적으로 생각한다면 드라마나 책의 내용에 맹목적으로 끌려가지 않고 빠른 발전을 이룰 수 있다.

나만의 최적화된
학습모델을 찾아라!

나는 대학에서 학생들을 가르치면서 몇 년 동안 학생들을 관찰해 본 결과 학생 개개인의 진로나 계획에 따라 그들의 학습 태도에 많은 변화가 있다는 것을 알 수 있었다. 대학원에 진학할 계획이 있는 학생들은 수업에 무척이나 진지한 태도를 보인다. 이들은 책에 담긴 공식을 철저하게 외우고 반복해서 문제를 풀며 기말고사 성적이 좋기를 바란다. 따라서 평가 성적이 상대적으로 높고 GPA$^{Grade\ Point}$ ^{Average}도 높아 대학원 면접에서 상당히 유리하다. 반면 대학원에 진학할 계획이 없는 학생들은 대부분 취업하는 데 힘을 기울인다. 일부는 심지어 1년을 입사 면접시험을 준비하는 데만 쏟기도 한다. 이들은 대학 과정은 통과만 하면 그만이라는 태도를 보인다.

이해할 수 있는 부분이니 이런 태도를 비난할 생각은 없다. 다만 모두 **'대학은 뭘 배우는 곳인가?'**라는 질문에 진지하게 고민해 볼 필요는 있다.

이 문제에 대한 답을 찾기 위해서는 먼저 대학에 진학하는 목적을 명확하게 알아야 한다.

학생은 영원히 대학에 머무를 수 없다. 늦든 이르든 언젠가는 사회로 나가야 한다. 그러니 **대학에 진학하는 목적은 대학생이 사회에 나가기 전에 미래 직업에 더 잘 적응할 수 있도록 도움을 받기 위해서이다.**

하지만 대학의 커리큘럼은 이런 목표에 완전히 알맞도록 계획되어 있지 않다. 과거에 직업군마다 존재했던 견습생들은 어렸을 때부터 매일 관련 기술을 배우며 연습했다. 견습생들은 미래에 자신이 종사하게 될 직업과 관련된 지식과 기술만을 중점적으로 배운다.

반면 대학생은 다르다. 대학은 아주 많은 과목을 개설하는데, 그중 대부분은 학생들이 미래에 종사할 직업과 관련이 없다. 내가 가르치는 컴퓨터학과를 예로 들어보겠다. 컴퓨터학과를 전공하는 대학생이 미래에 IT 기업에 취직해 알고리즘 관련 업무를 한다면 컴퓨터 구조 원리, 기계학습 개론, 알고리즘 설계와 분석 등 전공과목을 배우는 게 도움이 될 것이다. 하지만 공업 수학 분석, 기초 물리, 이산수학, 경제 관리 등과 같은 과목은 그가 미래에 종사하게 될 직업과 관련이 없어 보인다. 게다가 만약 그가 전공과 관련 없는 직업을 선택한다면 전공과목에서 배운 내용은 쓸모가 없게 된다.

다시 말하자면 대학에서 배우는 과목 중 대부분이 미래 직업과 관련이 없는 내용이라는 것이다. 그렇다면 이런 과목을 배우는 이유는 뭘까? 이런 내용들이 미래에 어떤 쓰임이 있는 걸까? 만일 대학원에 진학할 계획이 없어 굳이 좋은 성적을 받을 필요가 없다면 우리는 어떤 태도로 이런 과목들을 공부해야 할까?

이 문제에 관해서는 인공지능이 답을 찾는 데 도움이 될 수 있다. 인공지능은 최근 십여 년 동안 굉장히 빠른 발전을 이뤄 '다중 업무 학습Multi-Task Learning', '전이 학습Transfer Learning', '강화형 기계학습 Reinforcement Learning'을 포함한 다양한 학습 알고리즘이 생겨났다. 이러한 학습 알고리즘은 하나의 모델에 강력한 지능을 갖게 한다. 만약 우리가 자세히 연구해 본다면 이러한 알고리즘 배후에 각종 서로 다른 학습 모델이 구현되어 있다는 것을 발견하게 될 것이다. 그리고 이러한 학습 모델은 우리가 해당 문제의 답을 찾는 데 도움을 줄 수 있다.

그럼 먼저 가장 단순한 싱글 태스크 학습Single-Task Learning부터 다뤄 보도록 하겠다.

ONE SHOT, ONE KILL, 싱글 태스크 학습

일반적으로 기계학습은 훈련을 통해서 어떤 모델이 하나의 특정 임무를 완성할 수 있게 한다. 예를 들어서 이미지 식별 임무는 모델이 이미지의 범주를 식별할 수 있게 하고, 텍스트 식별 임무는 모델이 문자 배후의 의미를 식별할 수 있게 하며, 음성 식별 임무는 모델이 음성을 문자로 전환할 수 있게 한다.

어떤 임무를 지정한 뒤 모델을 훈련하는 과정은 대략 다음과 같다.

먼저 무작위 방식으로 초기 모델을 만든다. 이 초기 모델은 대부분 지정된 임무를 잘 완성하지 못한다. 그러니 우리는 끊임없이 해당 모델에 훈련 데이터를 제공해 주는 동시에 모델의 성능에 근거해 '학습 알고리즘'으로 내부 매개변수를 조정해야 한다. 이렇게 조정을 거친 모델은 더욱 좋게 변하게 되고 훈련이 끝난 뒤 지정된 임무를 훨씬 잘 완성할 수 있다.

이미지 식별을 예로 들어보자. 우리가 한 가지 모델을 사용해 이미지 속 동물이 고양이인지 강아지인지 자동으로 식별하려 한다고 해 보자.

우리는 먼저 초기 모델을 찾아야 하는데, 이 초기 모델은 무작위로 생겨난다. 이때 직접 다른 모델을 빌릴 수도 있다. 초기 모델은 고양이와 강아지를 효율적으로 구별하지 못하지만 상관없다. 현재 우리는 고양이와 강아지 이미지를 한 무더기 가지고 있고, 해당 이미지들을 정확하게 고양이와 강아지로 구분하는 방법도 알고 있다. 그래서 이런 이미지를 훈련 데이터로 삼으면 모델의 성능을 향상시킬 수 있다. 구체적으로 설명하면 이런 이미지들을 초기 모델에 제공해 판단이 얼마나 정확한지 살펴보고, 그것을 기초로 '학습 알고리즘'을 사용해 계속해서 모델의 매개변수를 조정하는 것이다. 그럼 최종적으로 해당 모델은 이미지를 정확하게 분류해낼 수 있게 되고 훈련은 끝이 난다.

훈련이 끝난 모델은 대량의 훈련 데이터를 보았고, 훈련 데이터 중 대부분에서 정확한 답을 내놓았으므로 훈련 데이터에 속하지 않는 사진에도 정확한 답을 내놓을 수 있다.

앞의 예에서 살펴보았듯 학습 알고리즘은 훈련 데이터를 사용해 끊임없이 모델을 조정함으로써 사전에 지정한 임무를 잘 완성하게 한다. 여기서 주의할 점은 하나의 모델은 하나의 지정된 임무만 완성한다는 것이다. 이처럼 모델이 한 가지 임무를 완성할 수 있게 훈련하는 학습 알고리즘을 **'싱글 태스크 학습 알고리즘'**이라고 한다.

다시 대학생의 예로 돌아가자. 여기서 임무를 '과목 지식을 배우는 것'과 '직업 기술을 배우는 것'으로 나누어 볼 수 있다. 먼저 대학원 진학 계획이 있는 학생의 경우 과목 지식을 배워 좋은 성적을 받는 데 전념하므로 미래 직업에 대한 준비가 부족하다. 그러니 이 경우는 첫 번째 임무인 '과목 지식을 배우는 임무'에 치중되어 있다. 반면 대학원 진학 계획이 없는 학생의 경우 회사 면접을 위해서 유행하는 프로그래밍언어를 배우는 데만 열중하고 과목 공부에는 소홀히 한다. 그러니 이 경우는 두 번째 임무인 '직업 기술을 배우는 임무'에만 치중되어 있다. 하지만 두 가지 임무 모두 본질상 싱글 태스크 학습을 진행한다는 것은 같다.

싱글 태스크 학습에는 단점이 있다. '과목 지식을 배우는 임무'에 전력을 다하는 학생의 경우 GPA 성적이 좋아 대학원 입학시험에서 유리한 고지를 차지할 수는 있지만, 미래 자신이 종사할 가능성이 있는 직업을 위해 구체적으로 뭘 해야 하는지는 모른다. 이들 중 대다수는 졸업을 앞둘 때까지 자신의 미래 직업에 대한 충분한 준비가 되어 있지 않다.

마찬가지로 '직업 기술을 배우는 임무'에 전력을 다하는 학생도 '과목 지식을 배우는 임무'를 포기하는 만큼 미래 직업에 도움을 줄 수 있는 좋은 과목들을 놓치게 된다.

바꿔 말하자면 '싱글 태스크 학습'은 한 가지 일에만 전력을 다해 집중할 수 있지만 이렇게 한 가지 임무에만 집중하는 것은 다양한 능력을 기르는 데 좋은 방법은 아니다. 그러니 우리에게는 멀티 태스크 학습과 같은 더 좋은 학습 방식이 필요하다.

일거양득, 멀티 태스크 학습

싱글 태스크 학습은 하나의 모델이 하나의 임무만 완성할 수 있다. 그러니 여러 임무를 완성하려면 여러 모델을 따로 훈련해 완성하게 해야 한다. 하지만 이렇게 임무마다 모델을 따로 훈련하는 방식을 사용하면 **임무 사이의 관련성이 무시된다.**

실제 응용에서 많은 임무가 서로 관련성을 가지고 있다. 예를 들어서 자율주행의 경우 자율주행 자동차는 행인, 주위 차량, 교통 표지 식별 임무를 수행해야 한다. 우리는 해당 임무들을 세 가지 서로 다른 모델로 분류해 훈련을 진행해 행인, 주위 차량, 교통 표지를 각각 식별하게 할 수 있다.

하지만 '행인 식별', '주위 차량 식별', '교통 표지 식별', 이 세 가지의 임무 사이에 서로 관련성이 있다는 것을 간과해서는 안 된다. 예를 들어 자동차는 차량 전용 도로를 이용하고 행인은 인도를 이용하는데 여기서 인도는 차량 전용 도로 우측에 있고, 자동차와 행인은 모두 교통 신호등 표시를 지켜야 한다. 이처럼 이 세 가지 임무는 서로 관련되어 있다. 그리고 이런 임무 사이에 관련성이 있다는 것은 '차량 식별' 임무를 잘 완성할 수 있는 모델이 '행인 식별'이나 '교통 표지 식별' 모델이 임무를 완성하는 데도 도움을 줄 수 있다는 의미이다.

앞서 소개한 여러 모델을 각각 훈련해 모델마다 하나의 임무를 책임지게 하는 방식은 임무 사이의 관련성을 이용할 수 없다. 하지만 만일 서로 다른 임무를 맡은 여러 모델을 함께 훈련할 수 있다면 임무 사이의 관련성을 충분히 이용할 수 있다. 그리고 이렇게 훈련된 모델들은 최종적으로 각각 훈련한 모델들보다 훨씬 더 좋은 성능을 보일 수 있다.

이것이 기계학습에서의 **'멀티 태스크 학습'**이다. 멀티 태스크 학습에서는 다양한 종류의 모델이 여러 임무 사이에서의 관련성을 이용하도록 설계되어 있고 그중에 한 모델은 여러 모델과 일부 매개변수를 공유하게 되어 있다. [그림 2-1]을 보면 세 개의 모델의 임무가 각각 행인 식별, 차량 식별, 교통 표지 식별로 구분되어 있다.

이 세 가지 모델의 기본 매개변수는 공유되고 뒤에 몇 단계의 매개변수는 독립, 변화한다. 이러한 훈련 과정에서 세 가지 모델은 공유하는 기초 매개변수를 통해 서로 도우며 여러 임무의 목표를 달성한다.

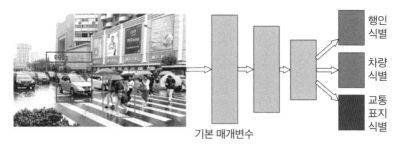

기본 매개변수

[그림 2-1] 멀티 태스크 학습

생활 속에도 멀티 태스크 학습 관련 예들이 많이 있다. 그중 노래를 부르는 것도 일종의 멀티 태스크 학습이다. 노래의 가사만 외우거나 멜로디만 외우는 것은 쉽지 않지만 두 가지 임무를 함께 훈련한다면 더 빠르게 외울 수 있다. 이는 노래의 가사와 멜로디가 서로 관련되어 있기 때문이다. 머릿속에서 노래의 가사가 떠오르면 자연스럽게 멜로디도 같이 떠오르고, 반대로 멜로디가 떠오르면 가사도 같이 떠오른다.

또 우리는 멀티 태스크 학습의 관점에서 교육이 '지덕체智德體'를 포함한 전면적인 성장을 중시해야 하는 이유를 살펴볼 수 있다.

부모들은 아이의 공부를 가장 중요하게 생각한다. 공부는 아이가 완성해야 하는 거의 유일한 임무이다. 하지만 만약 부모가 아이의 공부에만 관심을 쏟고 다른 방면은 소홀히 한다면 원치 않은 결과를 초래할 수 있다. 아이가 다른 방면에서 부족한 점이 있으면 부모가 가장 중요시하는 공부에서도 문제가 나타날 수 있기 때문이다. 예를 들어서 운동이 부족해 아이의 체력이 나쁘다면 학습에도 지장을 줄 수 있고 올바른 가치관, 인생관, 세계관을 갖지 못한다면 공부할 동력이 부족하게 된다. 이 때문에 아이를 교육할 때는 동시에 여러 임무를 진행할 필요가 있다. 다시 말해 아이에게 '지덕체'를 모두 겸비하도록 가르치는 것이다. 이 세 가지 목표는 서로 관련되어 있어 기본적으로 서로 통하는 부분이 있다. 이처럼 여러 목표 사이에는 관련성이 있으므로 다양한 목표로 훈련한 아이는 단일 목표로 훈련한 아이보다 훨씬 우수하다.

다시 대학생 학습 문제로 돌아가 보자. 비록 '학과 지식'과 '직업 기술'은 서로 같지 않지만, 두 가지 임무 사이에 일정한 관련성이 있다는 점을 고려해 봐야 한다. 만약 멀티 태스크 학습 모델을 사용해 동시에 두 가지 임무를 훈련하면 '1+1>2'의 작용을 만들어낼 수 있다. 예를 들어서 현재의 과목 지식을 공부하면 미래 직업을 위해 더 좋은 기반을 구축할 수 있고, 마찬가지로 미래에 사용할 직업 기술을 공부한다면 현재 배우는 과목 지식의 용도를 더욱 깊이 이해할 수 있다.

우리는 기존 멀티 태스크 학습에서 여러 임무의 중요성이 같다는 점에 주의를 기울여야 한다. 멀티 태스크 학습의 목표는 모든 임무에서 모델의 평균 성능을 향상하는 데 있다. 하지만 대학의 최종 목표는 대학생이 미래 직업에 더 잘 적응할 수 있도록 돕는 것이지 '과목 지식을 학습'하는 게 아니다. '과목 지식을 학습하는 임무'와 '직업 기술을 학습하는 임무'는 중요성이 서로 다르다. 이 때문에 특정 임무에 치중해 훈련을 진행하는 전이 학습이 필요하다.

하나를 터득하면 열을 아는 전이학습

일반적으로 전이 학습은 어느 영역에서 배운 지식을 다른 영역의 임무를 잘 완성하도록 사용하는 것을 말한다. 쉽게 이해하기 위해서 전이 학습에서 첫 번째 영역을 '기존 영역'이라 칭하고 두 번째 영역을 '목표 영역'이라 칭하도록 하자. 전이 학습은 '기존 영역'에서 학습한 지식을 '목표 영역'에서 응용하기를 희망한다. 우리는 사실 전이 학습을 자주 활용한다. 예를 들어서 자전거를 탈 줄 안다면 오토바이나 전기 자전거를 쉽게 배울 수 있고, 배드민턴을 칠 줄 알면 테니스를 쉽게 배울 수 있다. 또 평형을 할 줄 안다면 자유형을 배우는 속도가 전혀 수영할 줄 모르는 사람보다 훨씬 빠르다.

전이 학습은 최근 10년 동안 인공지능 영역에서 중요한 관심사 중 하나였다. 딥러닝 모델의 훈련에는 레이블이 잘 되어 있는 데이터가 대량 필요하다. 하지만 실제 응용에서는 충분한 데이터가 있는 영역도 있고 그렇지 못한 영역도 있다. 그래서 훈련 자원이 풍부한 영역에서 학습한 지식을 훈련 자원이 풍부하지 못한 영역에서 사용할 필요성이 절박하게 요구되었다.

예를 들어서 현재 자연 이미지의 분류 임무에는 이미지넷^{ImageNet}과 같이 레이블이 잘 되어 있는 대규모 데이터 세트가 있어 이것을 바탕으로 정밀도가 아주 높은 모델을 훈련해냈다. 하지만 고정밀 의료 영상 분류 모델을 훈련하는 것은 결코 쉬운 일이 아니다. 의료 영상은 수집 비용이 높고 데이터 레이블이 어려워서 데이터 세트 규모가 비교적 작다. 그래서 작은 의료 데이터 세트로 분류 훈련을 한 모델은 정확도에서 영향을 받을 수밖에 없다. 하지만 만일 이미지넷의 대규모 자연 이미지 데이터 세트를 이용할 수 있다면 의료 영상 분류를 더욱 잘 해낼 수 있을 것이다.

바로 이것이 전이 학습이 하고자 하는 일이다. 그러나 전이 학습은 기존 영역과 목표 영역 사이에 존재하는 차이를 극복해야 하는 난제를 가지고 있다. 의료 영상 처리를 예로 들면 자연 이미지와 의료 영상은 육안으로 봐도 상당한 차이가 있다. 그러니 자연 이미지 훈련에 적합한 모델을 사용해 의료 영상 분류 임무를 진행한다면 분명 좋은 효과를 볼 수 없을 것이다.

전이 학습 영역의 연구자들은 기존 영역의 지식을 목표 영역으로 '전이'하는 핵심이 두 영역 사이의 '공통성'을 찾는 데 달려 있다는 것을 발견했다. 앞서 든 예를 다시 살펴보면, 평형을 할 줄 아는 사람은 수영을 전혀 할 줄 모르는 사람보다 훨씬 빠르게 자유형을 배울 수 있다. 이것은 '평형'과 '자유형'의 수영 자세는 비록 다르지만 호흡, 몸의 감각, 물에 대한 반응 등의 방면에서 공통성이 존재하기 때문이다. 그래서 평형을 배운 사람은 자연스럽게 이런 공통성을 확보하고 있어 자유형도 더 쉽게 배울 수 있다.

내가 대학생이었을 때 어느 교수는 자동차 운전을 예로 들어서 전이 학습을 설명했다. 우리는 운전할 때 우측통행이지만 호주와 같은 일부 나라는 좌측통행을 한다. 그렇다면 우측통행에 익숙한 사람이 호주에서 운전할 때 역행하지 않는 이유는 뭘까? 그 이유는 자동차 운전에서 두 나라가 가진 공통성 때문이다. 국내의 운전석이 왼쪽에 있는 점과 호주의 운전석이 오른쪽에 있는 점에서 공통된 규칙을 찾을 수 있다. **바로 우측통행을 하거나 좌측통행을 해서 운전석이 조수석보다 도로의 중앙선에 더 가깝게 위치한다는 것이다.** 국내처럼 운전석이 왼쪽에 있는 자동차가 우측통행을 하면 운전석이 조수석보다 중앙선에 가까워진다. 하지만 만약 좌측통행을 한다면 운전석이 조수석보다 중앙선에서 더 멀어지게 된다. 반면 운전석이 오른쪽에 있는 호주의 경우 자동차가 좌측통행을 하면 운전석이 조수석보다 중앙선에 더 가깝게 된다. 이런 공통성을 발견한다면 운전자

a) 운전석이 오른쪽에 있는 자동차의 경우 좌측통행을 하면 운전석이 조수석보다 중앙선에 더 가깝게 위치한다.

b) 운전석이 왼쪽에 있는 자동차의 경우 우측통행을 하면 운전석이 조수석보다 중앙선에 더 가깝게 위치한다.

[그림 2-2] 전이 학습

는 자신의 운전 습관을 한 국가에서 다른 국가로 손쉽게 '전이'할 수 있다[그림 2-2].

전이 학습은 기존 영역과 목표 영역의 '공통성'을 찾아내 기존 영역에서 목표 영역으로의 지식 전이를 실현한다. 공통성에는 여러 유형이 있다. 우리는 공통성의 유형에 따라서 전이 학습을 몇 가지 유형으로 구분해 볼 수 있다.

첫 번째 유형은 '**사례 기반 전이 학습**Instance-Based Transfer Learning'이다. 기존 영역과 목표 영역의 데이터가 전부 같지는 않아도 기존 영역에서 몇몇 데이터 샘플은 목표 영역과 같을 수 있다. 그러니 우리는 기존 영역에서 이런 데이터들을 찾아내 훈련할 때 해당 데이터들에 집중함으로써 모델이 최대한 정확하게 분류해내게 할 수 있다. 이런 교정 과정을 거치면 기존 영역의 모델을 목표 영역에서 효과적으로 응용할 수 있다.

두 번째 유형은 '**특징 기반 전이 학습**Feature-Based Transfer Learning'이다. 기계학습에서 모델은 먼저 데이터(예를 들면 이미지 등) 처리를 진행해 데이터의 '특징'을 추출한 뒤 특징에 근거해 각종 지정된 임무를 완성한다(예를 들어 분류 등). 그러므로 우리가 기존 영역 데이터와 목표 영역 데이터 사이의 공통적인 특징을 찾을 수 있다면 기존 영역의 지식을 목표 영역에 사용할 수 있다.

세 번째 유형은 '**모델 기반 전이 학습**Model-Based Transfer Learning'이다. 이미지 식별에 사용하는 심층 신경망은 층이 나누어져 있다. 연구자들은 신경망에서 입력에 근접한 일부 층들은 물체의 테두리, 곡선, 윤곽선 등 기본적인 특징을 주로 식별한다는 것을 발견했다. 그리고 이런 기본적인 특징이 임무나 영역과 무관하다는 것을 알아냈다. 예를 들어서 우리가 대량의 고양이와 강아지 이미지를 사용해 고양이와 강아지를 구분할 수 있는 심층 신경망을 훈련한다면 이 신경망에서 입력에 근접한 몇 개의 층은 우리가 소와 말을 구분하는 임무를 완성하는 데도 도움을 줄 수 있다. 이렇게 우리는 기존 영역 훈련에서 얻은 모델 중 입력에 더 근접한 몇 개 층의 매개변수를 고정하고 목표 영역의 데이터는 나머지 층의 매개변수를 훈련하는 데 사용하면 된다.

대학교의 예에서 대학의 목표에 근거해 학생은 현재 대학에서 배우는 과목 지식을 미래 직업으로 어떻게 전이할지에 관심을 가져야 한다. 만약 전이 학습에서 '사례 기반 전이 학습'의 사고를 이용한다면 학습 방식은 다음과 같아야 한다.

먼저 미래 '직업 기술'과 밀접하게 관련 있는 '과목 지식'을 찾은 뒤 과목 공부 과정에서 그것들에 더 높은 가중치를 설정한다. 예를 들어서 미래에 인공지능 알고리즘 관련 일을 할 계획이라고 해 보자.

이 경우 '알고리즘 설계와 분석', '인공지능 컴퓨터 개론', '선형대수', '확률 통계' 등과 같은 과목은 미래 직업과 밀접한 관련이 있고, 다루는 지식에 공통성이 있다. 그러니 이런 과목 공부에 집중한다면 '과목 지식'을 미래의 직업에 더욱 잘 전이할 수 있다. 반면 '모델 기반 전이 학습' 사고를 이용한다면 과목 지식을 배울 때 미래 '직업 기술'로 쉽게 확장될 수 있는 기초 능력을 기르는 데 집중해야 한다. 예를 들어서 미래 어떤 직업에 종사하든 이해 능력은 반드시 필요하다. 팀을 이끄는 리더라면 팀과 사용자를 이해할 줄 알아야 한다.

또 어떤 사물에 대해 사람마다 가진 견해가 다르다는 것을 인정하고 다른 관점에 귀를 기울일 수 있어야 한다. 예를 들어 제품 담당자라면 자신이 책임지는 제품의 특징, 시장에서 유사한 다른 제품과의 관계와 차이점 등을 이해해야 한다. 그리고 사용자의 요구를 이해하고 제품 개발 엔지니어를 관리할 필요도 있다.

그러므로 대학생이 자신의 직업 기술을 기르고 싶다면 수업 과정에서 자신의 이해 능력을 기르는 데 중점을 둬야 한다. 배우는 과목 지식이 직업 기술과 밀접하게 관련되어 있는지에 연연하지 말고 과목 지식을 배우는 과정을 통해 이해 능력을 포함한 기초 능력을 충분히 단련하고자 노력해야 한다. 예를 들어서 '종교와 사회 문화'라는 과목을 듣는다고 해 보자. 이 경우 종교의 기원, 사회 문화의 발전을 이해하고 두 가지 사이의 관계를 분석해 볼 수 있다. 종교, 사회, 문화를 분석해 다양한 요구와 동기, 이익의 공통점을 파악하고 그것들 사이에 어떤 갈등이 생겨났으며 어떻게 해결되었는지 등을 파악할 수 있다. 이것은 더 높은 차원에 서서 복잡해 보이는 문제와 현상을 바라볼 수 있게 해 준다. 마찬가지로 '법률, 과학기술과 사회'라는 과목도 이해 능력을 키우는 데 도움이 된다. 법률이 과학기술 발전에 미치는 역할과 과학기술이 법률에 미치는 영향을 이해하고 두 가지가 사회 발전에 어떤 영향을 주는지도 이해할 필요가 있다.

　미래에 종사하게 될 직업에 필요한 기초 능력 중에는 표현 능력도 있다. 예를 들어서 회사에서 자신이 속한 팀이 어떤 중요한 프로젝트를 완성한 뒤 상사에게 보고해야 하는 상황이라고 해 보자. 이때 상사에게 팀이 맡은 업무가 회사에 얼마나 중요한지, 팀원들의 능력이 얼마나 출중한지를 이해시켜 더 많은 지원을 받으려 한다면 뛰어난 표현 능력이 무엇보다도 중요하다. 그러니 학생들은 자신의 표현 능력을 기르려 노력해야 한다. 현재 학생들과 토론하며 진행하는 수업방식을 선택하는 교수들이 많은데 이때 적극적으로 자신의 관점을 표현할 필요가 있다. 또 실험실에서 과학 연구를 진행할 때도 매주 PPT를 만들어 진행 과정을 명확하게 설명해 표현 능력을 기르도록 해 보자.

　앞에서 소개한 이해 능력, 표현 능력 외에도 문제 분석 능력, 문제 해결 능력 등 미래에 각종 영역으로 전이할 수 있는 기초 능력들을 대학에서 양성할 수 있다. 그런 점에서 앞에서 다룬 멀티 태스크 학습과 전이 학습은 공통점이 있다. 바로 모델이 현재 지정된 임무를 완성하는 것과 관련된 기능에 관심이 있다는 것이다. 만약 학생이 멀티 태스크 학습 방식을 사용해 '과목 지식'과 '직업 기술'을 동시에 배우려 한다면 두 임무 사이의 관련성을 이용해야 더 잘할 수 있다. 그리고 이렇게 멀티 태스크 학습으로 훈련을 끝낸 '현재의 그'는 동시에 두 가지 임무를 완성할 능력을 갖추게 된다.

반면 학생이 진이 학습 방식을 사용해 '과목 지식'과 '직업 기술' 사이의 공통성을 찾아낸다면 현재 배우는 '과목 지식'이 '직업 기술'에 도움이 될 수 있다. 이처럼 전이 학습을 활용해 훈련을 마친 '현재의 그'는 '직업 기술'을 더 잘 파악할 수 있는 능력을 갖추게 된다. 현재의 이점에 중점을 두면 지금 당장 정상적인 궤도에 오를 수 있다. 하지만 단점도 명확해서 이런 방식으로 양성한 사람은 잠재력이 향상되지 않을 수 있다.

현재 IT 직업 교육 기관 중 대다수는 당장 사용 가능한 기술을 가르치는 데 집중하고 있다. 예를 들어서 프로그래밍 방면에서 기초가 전혀 없는 사람도 이런 교육 기관에서 몇 개월 교육을 받으면 익숙하게 프로그래밍언어를 사용해 코드를 만들 수 있다. 게다가 이러한 직업 교육 기관은 변화에도 상당히 민감해서 어떤 프로그래밍언어가 인기를 끌기 시작하면 즉시 관련 수업을 개설해 교육한다. 하지만 대학은 다르다. 세상에 여러 대학 컴퓨터학과를 살펴봐도 프로그래밍과 관련된 과목을 특별히 많이 개설하는 경우는 거의 없다. IT 직업 교육 기관과 비교하면 대학 컴퓨터학과는 과목이 다양하다는 특징이 있다. 학생들은 50개 과목, 심지어 이보다 더 많은 과목을 수강하고 시험에 통과해야 하는데, 이 중에는 인문, 경제, 수리 등 다양한 과목이 포함되어 있다.

그렇다면 IT 직업 교육 기관에서 양성한 사람과 대학교 컴퓨터학과에서 양성한 사람은 어떤 차이점이 있을까? 우리는 하나의 예를 통해 이 문제를 살펴볼 수 있다.

최근 2년 동안 업계에서 새로운 프로그래밍언어가 엄청난 인기를 끌고 있다고 가정해 보자. 그리고 한 사람은 IT 직업 교육 기관에서 전문적으로 해당 프로그래밍언어를 배워 6개월 동안 훈련을 거쳤고, 다른 한 사람은 대학 컴퓨터학과에서 4년 동안 공부했지만, 해당 프로그래밍언어를 전혀 알지 못한다. 현재 두 사람을 앉혀 놓고 해당 프로그래밍언어를 사용해 임무를 완성해 보라고 한다면 첫 번째 사람이 두 번째 사람보다 훨씬 능숙하게 임무를 완성할 것이다. 하지만 만약 해당 프로그래밍언어를 숙지할 시간을 주고 테스트를 진행한다면 두 사람 모두 임무를 잘 완성할 수 있다.

첫 번째 사람은 임무에 즉시 착수할 수 있지만, 잠재력은 두 번째 사람보다 부족하다. IT 직업 교육 기관에서 양성한 사람은 '당장' 많은 문제를 해결할 수 있지만, 대학에서 양성한 사람이 훨씬 많은 잠재력을 가지고 있다. 이렇게 전공자가 가진 잠재력을 헤아려 보려면 또 다른 학습 방식인 메타 학습Meta-Learning에 대해 알아야 한다.

훈련으로 터득한 학습의 탁월한 응용, 메타 학습

메타 학습은 인공지능 영역에서 최근 몇 년 동안 발전이 이뤄지고 있다. 간단하게 말해서 **메타 학습은 기계가 어떻게 학습할지를 배우**

게 한다. 싱글 태스크 학습이든 멀티 태스크 학습이든 전이 학습이든 훈련을 통해 기계가 하나 또는 여러 개의 지정된 임무를 완성하는 법을 배우게 한다. 훈련을 통해 기계는 '당장' 어떤 임무를 완성할 기능을 갖추게 되는 것이다. 반면 메타 학습은 훈련을 통해 기계가 더 좋은 학습 능력을 갖추게 한다. 그래서 새로운 임무가 출현했을 때 기계는 '당장' 해당 임무를 제대로 완성하지 못한다. 하지만 아주 조금의 훈련만 거치면 새로운 임무를 매우 잘 완성해낼 수 있다. 예를 들어서 메타 학습을 거치면 고양이가 없는 훈련 세트에서 훈련을 마친 이미지 분류기도 몇 장의 고양이 사진을 보고 새로운 사진에서 고양이가 있는지 없는지는 판별해낼 수 있다. 메타 학습을 거치면 평지에서만 훈련을 진행한 로봇도 빠르게 산비탈에서 지정된 임무를 완성해 낼 수 있고, 게임 AI도 지금껏 해 보지 않은 게임을 빠르게 습득할 수 있다.

　이것을 사람에 대입해 보면 메타 학습 방식을 사용해 훈련한 사람은 더 좋은 **'학습 방법론'**을 파악할 수 있다. 학습 방법론은 학습할 때 사용하는 방법, 사고 모델과 구성을 말한다. 예를 들어서 지금껏 배우지 못했던 프로그래밍언어를 사용해 프로그램을 만들라는 임무가 주어진다면 사람마다 임무를 완성하는 방식이 다를 것이다. 일부는 해당 프로그래밍언어를 다룬 책을 찾아 처음부터 끝까지 읽고 책에 나와 있는 대로 연습해 완전히 숙지한 다음 프로그램을 만들기 시작할 것이다. 그리고 다른 일부는 먼저 해당 프로그래밍언어를 대충 이해한 뒤 인터넷에서 임무와 비슷한 기능을 가진 코드를 찾아 해당 코드를 공부하고 이것을 기반으로 프로그램을 만들어 성능을 시험해 볼 것이다. 그리고 이해할 수 없는 부분이 있으면 직접 해당 프로그래밍언어의 원리를 조사할 것이다.

두 가지 학습 방법론은 서로 다르다. 첫 번째 방식은 '배운 뒤 실천한다'이고 두 번째 방식은 '실천 과정에서 배운다'이다. 뛰어난 프로그래머들은 주로 두 번째 방법을 선택한다.

여기서 우리는 '기술'과 '학습 방법론'에 두 가지 차이점이 있다는 것을 파악할 수 있다.

첫 번째 차이점은 주목하는 시간대가 다르다. '기술'은 '당장'을 중시하고 '학습 방법론'은 '미래'를 중시한다. 그래서 어떤 임무를 지정받았을 때 임무와 관련된 기술이 있는 사람은 즉시 임무를 진행할 수 있지만, 학습 방법론을 갖춘 사람은 임무와 관련된 정보를 학습할 시간이 필요한 만큼 즉시 진행할 수 없다. 하지만 학습 방법론을 파악한 사람은 약간의 학습만으로도 임무를 제대로 완성해낼 수 있다.

두 번째 차이점은 통용성이다. '기술'은 어떤 특정 임무에만 적용할 수 있지만 '학습 방법론'은 여러 다양한 임무에 응용할 수 있다.

이것을 기준으로 직업 교육 기관과 대학을 비교해 보면 기술을 가르치는 직업 교육 기관에서 양성한 사람은 회사에 들어간 뒤 즉시 업무를 능숙하게 해낼 수 있다. 반면 대학은 '당장 필요한 기술'을 교육하는 데 치중하기보다는 '학습 방법론'을 가르치는 것을 더 중요시한다. 그래서 대학에서 '학습 방법론'을 배운 학생은 미래 어떤 직업을 가지든 해당 직업에 대한 구체적인 지식이 없더라도 짧은 학습을 통해 쉽게 파악해낼 수 있다.

　그렇다면 사람이 가진 잠재력을 어떻게 가늠할 수 있을까?

　우리는 '주목하는 시간대'와 '통용성'을 통해서 가늠해볼 수 있다. 예를 들어서 한 기업에서 면접시험을 통해 잠재력을 갖춘 직원을 채용하려 한다면 면접 질문에 대한 태도만 보려고 해서는 안 된다. 만약 면접 질문에 얼마나 잘 답했는지를 기준으로 사람을 채용한다면 지금 당장 기술을 갖추고 있는 사람을 채용할 가능성이 크다. 잠재력을 갖춘 사람을 채용하는 간단한 방법은 바로 면접관이 일정한 수습 기간을 주고 지금껏 해 보지 않은 여러 임무를 스스로 탐색해서 해결하게 한 뒤 종합적인 태도를 살펴보는 것이다. 종합적인 태도가 좋은 사람은 분명 좋은 학습 방법론을 파악하고 있다. 그리고 이런 학습 방법론을 사용하면 짧은 시간 학습한 것만으로도 여러 다양한 임무를 비교적 잘 완성해낼 수 있다. 그러니 이런 사람은 면접 질문에 대한 태도가 좋았던 사람보다 훨씬 큰 잠재력을 가지고 있다.

　그렇다면 자신에게 적합한 학습 방법론은 어떻게 찾을 수 있을까?

　해당 방법 역시 메타 학습 훈련 모델을 통해 알아볼 수 있다. 전통적인 기계학습 훈련 모델은 '임무는 적고 훈련 데이터는 많은' 특징을 가지고 있다. 그래서 하나의 모델이 어떤 특정 임무를 완성하게 하려면 해당 임무와 관련된 대량의 데이터를 사용해 훈련을 진행해야 한다. 반면 메타 학습의 훈련 모델은 '임무는 많고 훈련 데이터는 적은' 특징을 가지고 있다. 임무가 많을 수 있는 이유는 훈련을 통해서 단순히 어떤 임무의 특정 기술이 아니라 다양한 임무에 적용될 수 있는 '학습 방법론'을 얻을 수 있기 때문이다.

그리고 훈련 데이터가 적을 수 있는 이유는 학습 방법론은 소량의 데이터만 사용해도 비교적 좋은 효과를 거둘 수 있기 때문이다.

메타 학습 훈련에서는 일반적으로 초기 '학습 방법론'을 정한 뒤 어떤 전략을 사용해 각기 다른 임무에서 드러내는 태도를 근거로 해당 학습 방법론을 끊임없이 조정한다. 그리고 이를 통해 모든 임무에 가장 효과적인 학습 방법론을 찾는다. 사실 기계학습에서 메타 학습의 '임무는 많고 훈련 데이터는 적은' 특징은 대학 기말고사 전 학생들의 집중 학습 모델과 아주 비슷하다. 평상시 공부를 하지 않는 학생들은 시험을 앞두고 1, 2주 동안 빠르게 시험 과목들을 공부한다. 만약 시험을 2주 앞두고 공부에 집중해서 평상시 공부하지 않았던 과목에서 높은 성적을 받았다면 그는 효과적인 '학습 방법론'을 가지고 있는 셈이다. 이러한 학습 방법론을 여러 과목에 적용하면 단기간 훈련으로 과목 지식을 파악할 수 있다. 대학에서 다양한 과목을 개설하는 이유가 바로 여기에 있다. 학생들이 광범위한 지식을 배워 기초 능력을 향상하고 다양한 과목을 배우면서 효율적이고 통용성이 높은 '학습 방법론'을 키우게 하기 위해서이다. 물론 기계 학습 영역은 데이터 훈련을 통해서 좋은 '학습 방법론'을 찾을 수 있다. 그리고 인류는 이미 여러 효과적인 '학습 방법론'을 총괄해 두었다. 그러니 누구나 이런 학습 방법론을 시도해 보고 해당 방법이 자신에게 효과가 있다면 즉시 사용해 볼 수 있다.

싱글 태스크 학습은 어떤 임무에 대한 훈련을 진행하는 것으로 훈련을 끝내면 해당 임무를 아주 잘 완성할 수 있게 된다. 하지만 임무는 기본적으로 서로 관련이 있는 경우가 많다. 만약 우리가 한 사람에게 여러 임무를 동시에 훈련하게 한다면 그 사람은 단일 임무만 훈련한 사람보다 훨씬 유능할 것이다. 반면 전이 학습은 어떤 영역에서 학습한 지식을 다른 영역에서 응용하는 데 초점이 맞춰져 있고 이에 우리는 다른 영역으로 전이가 가능한 기초 능력을 기르는 데 집중하게 된다.

이와 같은 싱글 태스크 학습, 멀티 태스크 학습, 전이 학습은 현재의 기능에 치중해 있지만 메타 학습은 미래에 치중해 있다. 메타 학습 능력을 갖춘 사람은 당장 새로운 임무를 완성할 수는 없지만 짧은 훈련만으로 빠르게 파악해 임무를 완성할 수 있다.

대학 교육을 받는 것은 학생들이 사회에 나가기 전 미래에 종사할 직업에 더 잘 적응할 수 있도록 도와주기 위해서이다. 그래서 대학에서 학생들은 두 가지 학습 모델인 전이 학습과 메타 학습에 치중해야 한다. 게다가 이 두 가지 학습 모델은 서로 융합될 수 있다.

전이 학습을 통해서 학생은 대학에서 미래 직업 기술로 전이가 가능한 기초 능력을 집중적으로 배양해야 하는데, 이와 같은 기초 능력에는 이해 능력, 표현 능력, 문제 분석 능력, 문제 해결 능력 등이 포함된다.

핵심부터 명확하고
간단하게 표현하라

선생님의 전화

자신이 아이가 있는 부모라고 가정해 보자. 아이의 이름은 소명이고 초등학교에 다니고 있다. 어느 날 오후 갑자기 학교 선생님으로부터 전화가 걸려왔다.

선생님 "소명이 부모님 댁인가요? 저는 소명이 담임 선생님입니다."

나 "네 맞아요. 무슨 일이신가요?"

선생님 "알려드릴 일이 있어서요! 오늘 한 아이가 길을 건너다가 실수로 길가 하수구에 빠지고 말았어요!"

나 "뭐라고요!"

선생님 "진정하세요. 소명이는 아니에요."

나 "아, 너무 놀라서 심장이 멎는 줄 알았어요."

선생님 "그런데 소명이가 뛰어 들어갔어요!"

나 "네!?"

선생님 "그 아이를 구조해 줬답니다!"

나 "그렇군요……."

선생님 "빠진 아이가 기어오를 수 있게 소명이가 도와줘서 두 아이 모두 안전하답니다! 정말 용감한 아이예요! 축하드립니다!"

나 "……."

이야기의 결말이 좋게 끝나기는 했지만, 선생님의 표현 방식은 문제가 있다. 나라면 분명 마지막에 "저를 축하하시려는 건가요? 놀라 죽게 만들고 싶으신 건가요!"라고 따져 물었을 것이다. 이건 과장해 꾸며낸 이야기이긴 하지만 일상에서 표현이 너무 많거나 적어서 문제가 되는 경우는 흔히 있다. 솔직히 석사생이나 박사생 중에서도 자신의 연구과제에 대해 두서없이 설명해 도저히 무슨 말을 하고 싶은 건지 파악하기 힘들 때가 자주 있다.

그렇다면 명확하게 표현하려면 어떻게 해야 할까?

결론부터 말하자면 명확하게 표현하는 방법은 다음과 같다.

먼저 중요한 정보를 말하고 사소한 부분을 서서히 덧붙여 설명한다. 이런 방식은 '중요한 부분에서부터 부가적인 부분으로의 증량식 표현'이라고 부른다. **'중요한 부분에서부터 부가적인 부분으로의 증량식 표현'**은 듣기에는 단순해 보이지만 사실 그 안에는 수학적 지혜가 담겨 있다.

이미지 전송의 두 가지 모델

이 점은 이미지 전송 모델을 통해서 알아볼 수 있다. 아마 모두 이런 경험을 해 본 적 있을 것이다. 인터넷 속도가 빠르지 않은 상황에서 고화질 이미지가 실린 웹페이지를 열려고 하면 단번에 잘 보이지 않는다. 이처럼 이미지가 완전히 보이지 않을 때 화면은 주로 두 가지 패턴을 보여준다.

첫 번째 패턴은 두루마리를 펼치는 것처럼 이미지가 위에서부터 아래로 서서히 나타난다[그림 3-1]. 해당 패턴에서 이미지는 맨 위에서부터 나타나 서서히 아래로 확장되는 데 화질이 매우 선명하다는 특징이 있다.

[그림 3-1] 위에서부터 점차 나타나는 이미지

두 번째 패턴도 흔히 볼 수 있는 패턴으로 처음부터 이미지 전체가 나타나기는 하지만 전체적으로 흐릿하다가 서서히 선명해진다[그림 3-2]. 두 가지 패턴에는 별다른 차이가 없는 듯 보이지만 사용자에게 주는 느낌은 완전히 다르다. 이미지의 중요 부분이 상단에 있지 않은 이상 위에서부터 아래로 서서히 드러나는 패턴은 중요 부분이 나타날 때까지 한참을 기다려야 비로소 해당 이미지가 무슨 이미지인지 알 수 있다.

[그림 3-2] 처음에는 흐릿하다가 점점 선명해지는 이미지

　반면 두 번째 패턴인 전체적으로 점차 선명해지는 패턴은 가장 짧은 시간 안에 해당 이미지의 대략적인 내용을 파악할 수 있게 해준다. 선명하지는 않지만 대략적인 내용은 파악할 수 있어 선명해질 때까지 계속 기다릴지 아니면 웹페이지를 닫을지 선택할 수 있다. 직접 체험해 보면 두 번째 모델이 의심할 여지 없이 더 낫다는 것을 알 수 있다. 이와 같은 모델을 바로 '중요한 부분에서부터 부가적인 부분으로의 증량식 표현'이라고 한다. 이처럼 중요한 부분에서부터 부가적인 부분으로의 증량식 표현을 사용해 이미지를 전송한다면 이미지는 각각의 부분 이미지로 나누어져 전송되어야 하는데 이를 실현하기 위해서는 두 가지 전제 조건이 필요하다.

　첫째, 나누어진 부분 이미지의 중요성이 각기 다른 만큼 우리는 부분 이미지를 중요도에 따라 배열할 필요가 있다.

　둘째, 부분 이미지의 용량은 원본 이미지보다 반드시 작아야 한다. 이 점은 매우 중요한 부분이다. 부분 이미지의 용량이 원본 이미지보다 작지 않다면 굳이 부분 이미지를 전송할 필요 없이 원본 이미지를 전송하는 게 낫기 때문이다.

이제 이 두 가지 조건을 만족하는 기술이 구체적으로 어떻게 실현되는지 살펴보도록 하자.

핵심에서 주변으로 증량식 표현의 행렬

본격적으로 살펴보기 전에 우리는 먼저 이미지와 행렬은 등가^{等價}라는 점을 확실히 해야 한다.

이미지를 확대해 보면 작은 조각들이 모여 구성되어 있다는 것을 알 수 있다. 이 작은 조각들이 바로 '픽셀^{Pixel}'이다. 모든 픽셀은 하나의 값을 가지고 있어 해당 이미지의 색깔을 대표한다. 흑백 이미지의 픽셀값은 일반적으로 0~255 사이이다. 색채 이미지의 원리는 흑백 이미지와 거의 차이가 없다. 단지 색채 이미지는 세 개의 행렬(R, G, B)로 묘사가 필요할 뿐이다. 쉽게 이해하기 위해서 여기서는 흑백 이미지를 예로 들어보겠다.

우리는 약 200만 픽셀(상하 방향 1600픽셀, 좌우 방향 1200픽셀)의 흑백 이미지의 크기를 1600픽셀 × 1200픽셀의 행렬로 볼 수 있다. 해당 행렬에서 어느 행 어느 열의 값은 위치상 픽셀의 그레이스케일 값에 대응한다.

'이미지=행렬'의 개념을 세운 뒤에는 지정된 행렬을 중요한 부분에서부터 부가적인 부분으로 증량식 표현하는 방법만 알면 된다. 해당 문제의 답을 얻기 위해서는 수학 도구를 빌려야 한다. 이 수학 도구는 행렬의 '특잇값 분해Singular Value Decomposition, SVD'이다.

특잇값 분해는 선형대수의 핵심 중 하나이다. 여기서는 구체적인 원리를 학습할 필요는 없다. 단지 특잇값 분해를 사용하면 하나의 행렬을 크기가 같은 여러 개의 행렬의 합으로 분해할 수 있다는 점만 알면 된다.

수학 공식으로 표현하면 행렬 A에 대해서 특잇값 분해를 하면 A를 여러 행렬 A_1, A_2, $\cdots$, A_r의 합의 형식으로 나타낼 수 있다.

$$A = \sigma_1 \cdot A_1 + \sigma_2 \cdot A_2 + \ldots + \sigma_r \cdot A_r \qquad (3.1)$$

A를 표현하는 행렬 앞에 서로 다른 계수 σ가 있다는 점에 주목해야 한다.

특잇값 분해를 활용해 얻은 A_1, A_2, $\cdots$, A_r의 행렬 노름^{Norm}의 크기는 서로 같으며 모두 1이다. 행렬 노름에 대해 엄격한 정의가 있지만 여기서는 그냥 대략 행렬에서 원소의 크기라고 이해하면 된다. 다시 말해서 A를 표현하는 행렬 안의 원소 크기는 전체적으로 같으며 어떤 행렬 안의 수가 다른 행렬 안의 원소보다 훨씬 큰 상황은 출현하지 않는다.

다음으로 특잇값 분해는 중요한 성질을 가지고 있다. 바로 이러한 행렬 앞에 계수가 모두 0보다 크며 아래와 같은 특징을 가지고 있다.

$$\sigma_1 \gg \sigma_2 \gg \ldots \gg \sigma_r$$

여기서 »는 훨씬 크다는 것이다. 첫 번째 계수 σ_1은 두 번째 계수 σ_2보다 훨씬 크고, 두 번째 계수 σ_2는 세 번째 계수 σ_3보다 훨씬 크다. 간단하게 말해서 앞의 계수가 뒤 계수보다 훨씬 크다.

이 점을 보고 뭔가 알아챈 부분이 없는가? **특잇값 분해를 사용해 행렬 A를 얻는 표현 방식은 행렬 A를 중요한 부분에서부터 부가적인 부분으로 증량식으로 표현하는 것이다.**

이유는 단순하다. σ_1은 다른 계수보다 훨씬 크고 A_1의 크기는 A_2, $A_3 \cdots$와 같다. 그러므로 $\sigma_1 A_1$는 행렬 A를 구성하는 가장 중요한 부분이며, $\sigma_2 A_2$는 $\sigma_1 A_1$ 다음으로 A를 구성하는 가장 중요한 부분으로 $\sigma_1 A_1$에는 포함되지 않았던 세밀한 부분이다. 이러한 세밀한 부분이 증가된 $\sigma_1 A_1 + \sigma_2 A_2$는 $\sigma_1 A_1$보다 더 정확하게 A를 표현할 수 있다.

이후의 $\sigma_3 A_3$는 $\sigma_1 A_1$와 $\sigma_2 A_2$ 다음으로 A의 가장 중요한 부분을 구성하는데 $\sigma_1 A_1 + \sigma_2 A_2$에는 포함되지 않았던 세밀한 부분이다. 이러한 세밀한 부분이 증가된 뒤 $\sigma_1 A_1 + \sigma_2 A_2 + \sigma_3 A_3$는 $\sigma_1 A_1 + \sigma_2 A_2$보다 더욱 정확하게 A를 표현할 수 있다.

이것을 통해 우리는 아래의 두 가지 특징을 파악할 수 있다.

하나는 '중요한 부분에서 시작해 부가적인 부분으로 이동'하는 점이다. 특잇값 분해로 얻은 이러한 행렬 $\sigma_1 A_1$, $\sigma_2 A_2$, $\cdots$, $\sigma_r A_r$의 중요성은 왼쪽에서 오른쪽으로 갈수록 점차 낮아진다.

둘째는 '증량식 표현'이다. $\sigma_2 A_2$에서부터 계산하면 각 항은 앞에 모든 항의 합을 기초해 증가한 세밀한 부분이다.

하지만 이미지 전송의 목적을 실현하려면 한 가지 조건이 더 필요하다. 모든 단독의 행렬($\sigma_1 A_1$ 등)에 필요한 데이터가 기존 행렬인 A보다 작아야 한다는 점이다. 표면적으로 봤을 때 이런 점은 발견하기 쉽지 않은데 A를 표현하는 데 사용하는 행렬 A_1, A_2, …의 크기가 A와 같기 때문이다(만약 같지 않다면 행렬이 더하는 조건을 만족하지 못하게 된다). 하지만 이런 특잇값 분해를 사용해 얻은 행렬의 표현은 이런 조건에 부합한다. 그 이유는 특잇값 분해를 사용해 얻은 A_1, …, A_r가 원래 행렬 A와 크기는 같지만 A보다 훨씬 '단순'하기 때문이다. 그리고 '단순'하다는 것은 우리가 더 작은 데이터를 사용해 구성할 수 있다는 의미이다.

행렬이 더 단순할 수 있는 이유는 뭘까? 행렬의 '단순한 정도'는 그것 안에 행 또는 열의 배열의 규칙성과 관련이 있다. 규칙적일수록 단순하다. 예를 통해 설명해 보겠다. 여기 두 개의 행렬이 있다.

$$A = \begin{pmatrix} 3 & 5 & 8 & 6 & 5 & 4 \\ 4.2 & 7 & 11.2 & 8.4 & 7 & 5.6 \\ 4.8 & 8 & 12.8 & 9.6 & 8 & 6.4 \\ 4.2 & 7 & 11.2 & 8.4 & 7 & 5.6 \\ 3.6 & 6 & 9.6 & 7.2 & 6 & 4.8 \end{pmatrix} \quad A' = \begin{pmatrix} 9 & 9 & 9.3 & 8.8 & 5.1 & 3 \\ 13 & 11.6 & 12 & 8.3 & 12.4 & 12 \\ 8.2 & 4.5 & 12.8 & 12.4 & 8 & 5.8 \\ 12 & 6.5 & 9 & 10 & 2.7 & 4.8 \\ 10 & 12.7 & 3.5 & 9.3 & 9.6 & 3.6 \end{pmatrix}$$

더 직관적으로 보기 위해서 두 개의 행렬을 그림으로 표현해 보도록 하자[그림 3-3]. 칸마다의 색깔은 행렬에 상응하는 원소의 값과 대응한다.

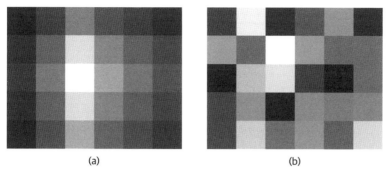

(a)   (b)

[그림 3-3] 두 행렬에 대응하는 이미지

[그림 3-3a]의 이미지가 굉장히 규칙적이라는 것을 볼 수 있다. 구체적으로 말해서 이 행렬의 모든 행의 변화 규칙은 매우 비슷하다. 즉, 모든 행은 처음 시작할 때는 비교적 값이 작다가 점차 증대되어 세 번째 원소의 위치에서 고점에 도달한 뒤 점차 작게 변한다.

반면 [그림 3-3b]의 이미지의 경우 각 항의 변화 규칙이 서로 다르다. 마치 무작위 잡음$^{Random Noise}$처럼 대응하는 행렬이 매우 복잡해 보인다.

만약 행렬이 아주 단순하다면 이론상 우리는 더 적은 데이터를 사용해 해당 행렬을 새롭게 구성해 볼 수 있다. 더 규칙적으로 보이는 [그림 3-3a]에 대응하는 행렬을 예로 들어보겠다. 만약 이 행렬의 구체적인 수치를 자세히 살펴본다면 해당 행렬의 행은 모두 첫 번째 원소의 특정의 배수라는 것을 발견할 수 있다. 이 점은 다음과 같이 표현하면 더욱 정확하게 볼 수 있다.

$$A = \begin{pmatrix} 1.0\,(3 & 5 & 8 & 6 & 5 & 4\,) \\ 1.4\,(3 & 5 & 8 & 6 & 5 & 4\,) \\ 1.6\,(3 & 5 & 8 & 6 & 5 & 4\,) \\ 1.4\,(3 & 5 & 8 & 6 & 5 & 4\,) \\ 1.2\,(3 & 5 & 8 & 6 & 5 & 4\,) \end{pmatrix} \tag{3.2}$$

이렇게 모든 행의 규칙이 완전히 같은 행렬을 수학적으로는 '랭크 ^{rank}가 1인 행렬'이라고 부른다.

랭크가 1인 행렬에는 장점이 있다. 하나의 m행 n열의 랭크가 1인 행렬의 경우 $m \times n$개의 원소를 포함하고 있지만 사실상 우리는 m개의 원소를 포함한 열벡터$^{\text{Column Vector}}$와 n개의 원소를 포함한 행벡터 $^{\text{Row Vector}}$로 그것을 표현할 수 있다.

앞에 예의 경우 A는 5개의 행과 6개의 열로 구성되어 있어 30개 원소의 랭크가 1인 행렬을 포함하고 있다. 그래서 5개 원소를 포함한 열벡터와 6개 원소를 포함한 행벡터의 곱은 다음과 같다.

$$A = \begin{pmatrix} 1.0\,(3 & 5 & 8 & 6 & 5 & 4\,) \\ 1.4\,(3 & 5 & 8 & 6 & 5 & 4\,) \\ 1.6\,(3 & 5 & 8 & 6 & 5 & 4\,) \\ 1.4\,(3 & 5 & 8 & 6 & 5 & 4\,) \\ 1.2\,(3 & 5 & 8 & 6 & 5 & 4\,) \end{pmatrix} = \begin{pmatrix} 1.0 \\ 1.4 \\ 1.6 \\ 1.4 \\ 1.2 \end{pmatrix} \big(3,\ 5,\ 8,\ 6,\ 5,\ 4\big)$$

다시 말해서 랭크가 1인 행렬 A는 30개의 원소로 되어 있는 것 같지만 실제로는 5+6=11개 원소만 전송하면 A를 구성할 수 있다는 의미이다. 여기서 강조해야 할 점은 특잇값 분해를 사용해 행렬 A를 표현할 때 얻은 이러한 행렬 A_1, A_2, …, A_r은 모두 랭크가 1인 행렬이라는 점이다. 다시 말해서 **특잇값 분해를 빌려 하나의 매우 복잡한 행렬을 아주 단순하고 중요성이 순차적으로 낮아지는 랭크가 1인 행렬의 합으로 분해한 것이다.** 여기까지가 이미지 전송 과정에 대한 설명이다. 현재 원격 서버에서 한 장의 큰 이미지가 있다면 서버는 직접 해당 이미지에 형성된 행렬 A에 대해 특잇값 분해를 진행해 다음과 같은 형식을 얻을 수 있다.

$$A = \sigma_1 A_1 + \sigma_2 A_2 + \cdots + \sigma_r A_r \tag{3.3}$$

A가 m행 n열의 행렬이라고 가정하면 중간에 $m \times n$개의 원소가 있다.

원격 서버는 먼저 $\sigma_1 A_1$에 대응하는 행벡터와 열벡터를 전송한다. 이것은 랭크가 1인 행렬이라서 $m+n$개의 매개변수만 전송하면 되므로 전송 속도가 아주 빠르다. 자신의 컴퓨터로 받은 행벡터와 열벡터 $\sigma_1 A_1$을 계산하기만 하면 웹페이지에서 나타낼 수 있다. 하지만 $\sigma_1 A_1$은 단지 랭크가 1인 행렬일 뿐이다. 랭크가 1인 행렬은 매우 규칙적으로 보여서 표현 능력이 제한적이다. 이 때문에 $\sigma_1 A_1$은 A에 가장 중요한 부분이지만 매우 희미한 이미지만 보일 뿐이다.

이후에 원격 서버는 $\sigma_2 A_2$에 대응하는 행벡터와 열벡터를 전송한다. 이번 전송도 $m+n$개 함수만 필요하므로 전송 속도가 굉장히 빠르다. 자신의 컴퓨터로 이러한 함수를 사용해 직접 $\sigma_2 A_2$를 구성해 이전의 A_1에 추가하면 $A = \sigma_1 A_1 + \sigma_2 A_2$를 얻어 볼 수 있다. 이렇게 새롭게 증가한 부분 덕분에 이전에는 없었던 세부 정보가 추가되어 이미지가 더욱 선명해진다. 이어서 원격 서버는 계속해서 이후의 랭크가 1인 행렬에 필요한 행벡터와 열벡터를 전송한다. 컴퓨터는 이러한 것을 사용해 계속해서 대응하는 랭크가 1인 행렬을 계산해내고 이전 이미지에 새로운 정보가 더해진다. 이렇게 이미지는 [그림 3-2]처럼 점점 더 선명해진다.

중심에서 변두리로 나아가는 증량식 표현

어떤 사물을 중요한 부분에서부터 부가적인 부분으로 증량식으로 표현하는 것은 특별히 고급스러운 표현 방식이다. 우리는 일상에서 몇 가지 예시를 살펴보고자 한다.

일상의 증량식 표현의 사례 1 : 숫자의 단위 표현

만약 우리가 누군가에게 2315란 숫자를 설명한다고 할 때 그냥 '2315'를 알려주는 것은 가장 좋은 표현 방식이 아니다.

그 이유는 상대방이 듣는 맨 처음 숫자가 2이기 때문이다. 그래서 상대방은 숫자 '2'를 듣고 해당 숫자가 얼마만큼인지 의식하지 못한다. 마지막 숫자까지 전부 들어야 비로소 해당 숫자가 얼마만큼인지 알 수 있다. 물론 숫자 단위가 짧으면 별 상관이 없지만, 숫자 단위가 굉장히 길면 파악하기가 더욱 힘들어진다.

이보다 더 좋은 표현 방식으로는 우리가 자주 사용하는 '이천삼

백십오'가 있다. 상대방은 '이천'이란 말을 듣자마자 해당 숫자의 대략적인 범위(2천보다 많다)를 알 수 있다. '이천'은 해당 숫자에서 가장 중요한 부분인 만큼 먼저 말하는 게 당연하다. 이후에 '삼백'은 앞에 '이천'이 포함하지 않은 세부 정보를 포함한다. 그리고 '십'은 더욱 작은 세부 정보를 포함하며 마지막 세부 정보는 '오'로 채워진다. 이것도 중요한 부분에서부터 부가적인 부분으로 증량식으로 표현한 것이다. 이런 표현은 직접 '2315'를 말하는 것보다 훨씬 효과적이다. 또 다음과 같이 수학으로 표현해 본다면 해당 숫자를 더욱 명확하게 파악할 수 있다.

$$2315=2000+300+10+5$$

일상의 증량식 표현의 사례 2 : 정월대보름 달의 묘사

우리는 '중요한 부분에서부터 부가적인 부분으로 증량식 표현' 방식을 사용해 정월대보름의 달빛을 묘사할 수 있다. 정월대보름의 달빛은 매우 밝고 둥글어서 달무리도 볼 수 있다. 게다가 자세히 관찰하면 달빛에 희미하게 그림자가 있는 것도 볼 수 있다. 먼저 우리는 이러한 특징을 중요도에 따라서 배열해 볼 수 있다.

정월대보름의 달빛에서 가장 중요한 특징은 둥글다는 것이다. 이점을 글로 묘사해 보면 '정월대보름의 달빛은 둥글다'가 된다.

다음으로 중요한 특징은 밝다는 것이다. 그러니 '둥근 형태'를 기초로 밝다는 정보를 추가하면 '정월대보름의 달빛은 둥글고 아주 밝다'가 된다.

여기서 세부 부분을 더 추가해 볼 수 있다. 정월대보름의 달빛을 자세히 관찰해 보면 '달무리'를 볼 수 있다. 그러니 우리가 '둥근 형태', '아주 밝다'를 기초로 세부 부분을 추가하면 '정월대보름의 달빛은 둥글고 아주 밝아서 달무리를 볼 수 있다'가 된다.

마지막으로 계속 세부 부분을 추가하기 위해 아주 자세히 관찰하면 '달의 그림자'를 볼 수 있다. 그러므로 우리가 '둥근 형태', '아주 밝다', '달무리'의 기초에서 '달의 그림자'라는 세부 부분을 추가하면 최종적으로 다음과 같은 표현 방식을 얻을 수 있다.

'정월대보름의 달빛은 둥글고 아주 밝아서 달무리를 볼 수 있다. 만약 자세히 본다면 달의 그림자도 볼 수 있다.'

이런 표현 방식은 핵심 부분에부터 세밀한 부분으로, 중요한 부분에서부터 부가적인 부분으로 한 사물을 점진적으로 표현해 막힘 없이 술술 읽힌다.

그렇다면 만약 거꾸로 한다면 어떻게 될까? 표현이 완전히 달라진다. 예를 들어서 '정월대보름의 달빛에서 희미하게 달의 그림자를 볼 수 있고, 달무리도 볼 수 있다. 달빛은 아주 밝고 둥글다'가 되는 것이다.

일상의 증량식 표현의 사례 3: 영어와 한국어의 차이

영어의 표현 방식은 한국어와 달리 '중요한 부분에서부터 부가적인 부분으로의 증량식 표현'의 특징을 보인다.

예를 들어서 사건을 묘사할 때 영어는 일반적으로 아래 문장과 같이 사건의 중요도에 따라 묘사한다.

'I saved a boy who felt into water when I was walking alone on the street this morning.'

어순에 따라 직역하면 다음과 같다.

'저는 물에 빠진 아이를 구했어요. 저는 혼자 길을 걷고 있었고 오늘 이른 아침이었어요.'

무슨 의미인지 알겠는가? 영어는 보통 '사건+장소+시간'의 순서로 설명을 한다. 중요도 순서로 말을 하기 때문이다.

반면 한국어의 표현 방식은 '시간+장소+사건'이다.

'제가 오늘 이른 아침에 혼자 길을 걷다가 물에 빠진 아이를 구했어요.'

이 표현 방식의 경우 마지막까지 모든 문장을 읽어야 비로소 무슨 사건이 발생했는지를 알 수 있다.

어떤 일을 명확하고 조리 있게 표현하기는 쉽지 않다. 여기서는 행렬의 특
잇값 분해에서 얻은 교훈을 통해서 '중요한 부분에서부터 부가적인 부분으로
증량식 표현'을 하는 사고를 소개했다. 간단하게 말해서 어떤 일을 표현할 때
먼저 중요한 정보를 말한 뒤 중요도에 따라 점차 세부 부분을 추가해 가는 것
이다.

마지막으로 이번 장에서 맨 처음 등장했던 예로 돌아가 보자. 담임 선생님
이 '아이가 길을 건너다가 길가 하수구에 빠진 아이를 구해준 사건'을 더 잘
설명하려면 어떻게 해야 할까?

처음에는 가장 핵심 내용을 먼저 말해야 하는 만큼 선생님의 첫마디는 '축
하드립니다!'이다. 다음으로는 세부 부분을 보충해야 하니 '소명이가 오늘 정
말 용감했어요'이다. 이렇게 점차 세부 부분을 보충하는 과정을 반복하다 보
면 다음과 같은 말이 이뤄질 수 있다.

> "축하드립니다!"
> "소명이가 오늘 정말 정말 용감했어요!"
> "한 아이가 길을 건너다가 실수로 길가 하수구에 빠지고 말았는데 소명
> 이가 뛰어 들어가서 구해 줬답니다. 아이가 올라올 수 있도록 도와준 덕
> 분에 두 아이 모두 안전해요."

우리 모두 이렇게 표현 방식을 배워보면 어떨까?